漢方藥入門小圖鑑

跟著可愛角色學習

神祕的漢方藥一本就搞懂！

監修：新見正則 帝京大學醫學部副教授

插畫：いとうみつる　譯者：黃詩婷

當歸芍藥散

豬苓湯

麥門冬湯

葛根湯

苓桂朮甘湯

瑞昇文化

序言

　　各位知道「漢方藥」這個名詞嗎？你曾經吃過或喝過漢方藥嗎？在各位當中，也許有人曾經在感冒的時候，喝一種名叫「葛根湯」的藥。這款葛根湯就是漢方藥的一種。

　　漢方藥是過往人們的智慧結晶。它們是耗費長久歲月、累積了許多人的經驗，才打造出來這些對於身體或心靈疾病、煩惱都能產生治療效果的藥品。但是，也有些人認為，現在根據西洋醫學及其思想所打造出來的西洋藥劑很棒，所以我們不需要漢方藥這種東西了。但那也可能只是因為他們並不十分了解漢方藥的魅力。這是由於看起來像是萬能的西洋藥劑，其實有一定的極限，而漢方藥正好可以補足它們無法盡善盡美之處。

漢方藥是由那些被稱為「生藥」的物品製作而成。漢方藥的智慧，可

以說就是「生藥的加法」。將某種生藥加上別的生藥，效果便會增強，並

且打造出新的效用。漢方藥是過往人們的智慧，而活在現代的我們一樣

能夠使用，這是非常棒的事情對吧！而且在日本的健康保險當中可以使

用的漢方藥就有約150種，只要去醫院就能夠以便宜的價格取得，其實

漢方藥是近在身邊的東西呢。

　　雖然漢方藥都是用漢字寫成的，感覺似乎很困難，不過如果有獨特可

愛的角色們陪伴，應該就能快樂地理解他們了。還請務必參考本書內

容，同時向醫生商量，嘗試各種漢方藥。然後找到最適合自己的漢方藥

吧！

帝京大學醫學部副教授　新見正則

✳ 目 次 ✳

本書閱讀方法

在本書當中，有許多就在大家生活周遭、希望大家能夠了解的漢方藥，會化身為角色出場。他們會向大家介紹各種漢方藥的主要功效，以及成分當中包含的生藥、適合哪些人服用等資訊。

以一句話表達這款漢方藥主要功效等。

這是漢方藥的名字唷。

簡單介紹漢方藥的特徵。

這裡會說明此款漢方藥當中所包含的主要生藥、以及其較具代表性的功效。

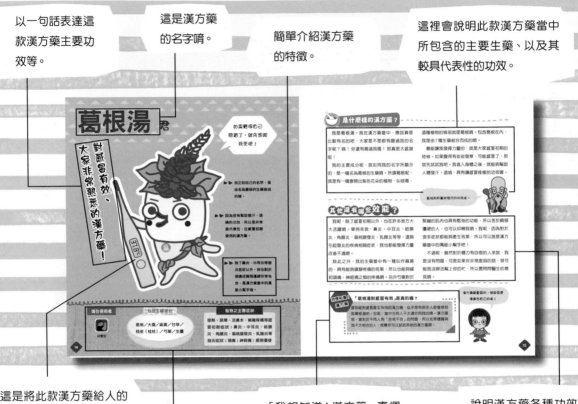

這是將此款漢方藥給人的印象畫成的角色唷。

這裡會整理出「適用者」、「包含生藥項目」、「有效之主要症狀」項目唷。「適用者」區分為「結實型」、「中間型」、「纖瘦型」三個階段以外，另外有特別要注意的情況，所以也列出「孩童」、「年長者」、「孕婦」、「男性」、「女性」五種。

「我想知道！漢方藥」專欄當中，會對於漢方藥有更加詳細的說明。

「○○的夥伴」專欄當中，會介紹具有相似功效的漢方藥、或者是成分當中包含相同生藥的漢方藥唷。

說明漢方藥各種功效、以及必須多加注意的事項。

漢方藥探險隊

養介

生美

很不喜歡藥物的男孩子。他也非常討厭醫院、完全不明白漢方藥的事情。

立志養生的女孩子。對於漢方藥有點興趣，但目前還不清楚相關知識。

漢方仙人

住在養介與生美家後山的仙人。知道所有漢方藥的事情。

 養介：「唔哇！怎麼回事？這是什麼味道！生美，妳在做什麼啊？」

 生美：「我在煮漢方藥來喝啊！漢方藥好像能讓身體非常健康，而且因為是天然的東西，所以也不會對身體有不好的影響喔。你知道嗎？」

 養介：「但那畢竟還是藥吧！沒有生病卻吃藥，這樣感覺很奇怪耶？」

 漢方仙人：「我似乎聽見有人在大肆談論漢方藥呢。不過，這兩個人都不明白漢方藥吧。首先就從『漢方藥基礎知識』開始學習吧！」

漢方藥基礎知識

各位知道什麼是「漢方藥」嗎？如果被其他人問「漢方藥是什麼？」的話，你會如何回答呢？有許多人都聽說過「漢方藥」這個名詞。但是，能夠正確回答出漢方藥是什麼東西的人，連大人都為數不多呢。所以我們就在這裡，由漢方藥的基礎知識學習起吧。

何謂漢方藥？

依據西洋醫學思考模式所製作出來的藥劑，就叫做西藥喔！

所謂「漢方」，是在很久很久以前的中國誕生的中國醫學，傳到日本之後在日本獨力發展的醫學系統唷。原本也沒有「漢方」這個名稱呢。是到了江戶時代，大家把荷蘭傳到日本的西洋醫學稱為「蘭方」，所以才開始把在日本獨力發展的醫學稱為「漢方」呢。所謂「漢方藥」，就是依據漢方的思考模式所製作出來的藥品唷。

在各位之中，應該也有人對於漢方的印象是「很古老」吧。但是，漢方藥在長遠的歷史當中，累積了許多經驗與智慧，能夠發揮出西洋藥品沒有的效果唷。所以要當醫生的人一定會學習關於漢方藥的知識，在醫院除了西藥以外，也經常會同時拿到漢方藥的處方籤唷。

包含這本書當中提到的52種漢方藥，目前保險提供給付的漢方藥還有很多種，所以漢方藥已經變得與大家非常親近了。因此，除了要治療疾病的時候使用，也有些人在沒有生病、而只是想維持健康的「養生」活動當中，會使用漢方藥。也許平常大家比較常吃西藥，但漢方藥其實比大家想得還要貼近生活唷。

漢方的源流雖然是從中國來的，但卻在日本自己發展呢！

漢方藥是由什麼東西製作出來的？

漢方藥是由名為「生藥」的東西製作出來的。所謂生藥，是指具備藥品效用的植物、動物或者礦物唷。

漢方藥是由多種生藥搭配組合而成的。舉例來說，作為感冒藥非常有名的葛根湯，包含藥名由來的「葛根」在內，總共是由7種生藥構成的。除此之外也有10種以上生藥構成的漢方藥。漢方藥最大的特色，就是組合搭配這些生藥。每種不同的生藥會對身體發揮各式各樣的效果，然後治療疾病唷。

相較於成為漢方藥基礎生藥的，是植物、動物或礦物等天然物品，西藥幾乎都是以人工合成的化學物質製作的唷。

這本書當中登場的角色，身上會有個標記指出他們是「參耆劑」、「柴胡劑」、「附子劑」或者「麻黃劑」，大家可以多注意一下唷！

主要生藥與其功效

生藥名稱	主要功效	生藥名稱	主要功效
甘 草	調和生藥、增添甜味	人 參	供給氣力、使身體有活力
生 薑	溫熱身體、幫助胃部工作良好、抑制作嘔欲吐感	黃 耆	供給氣力、抑制汗水
茯 苓	調整身體中的水分平衡、使心情穩定	蒼 朮	調整身體中的水分平衡
芍 藥	緩和肌肉緊繃狀態、鎮定疼痛感	半 夏	抑制作嘔欲吐感、使精神穩定
桂 皮（桂 枝）	使心情穩定、溫熱身體並退燒、鎮定疼痛感	柴 胡	冷卻熱度、使心情穩定、抑制過敏
大 棗	溫熱身體、使心情穩定、給予身體活力	附 子	溫熱身體、鎮定疼痛
當 歸	使血液循環良好、改善貧血、鎮定疼痛	麻 黃	溫熱身體並退燒、鎮定疼痛感

成分當中包含人參以及黃耆兩種生藥的漢方藥＝「參耆劑」

成分當中包含柴胡的漢方藥＝「柴胡劑」

成分當中包含附子的漢方藥＝「附子劑」

成分當中包含麻黃的漢方藥＝「麻黃劑」

漢方藥是生藥的加法！

從前大家並不知道生藥各自有什麼樣的功效。所以，在漢方藥長久的歷史當中，會組合搭配各式各樣的生藥、每種都嘗試看看，找出哪幾種組合對於什麼樣的疾病會產生效果。所謂的搭配組合，就是把某種生藥加上其他的生藥，也因此可說「漢方藥就是生藥的加法」，才讓漢方藥出現的。藉由將生藥加在一起，漢方藥的功效會更加明顯。

舉個例子說明「漢方藥是生藥的加法」吧。桂枝湯（→23頁）是包含桂皮（桂枝）、芍藥、大棗、甘草、生薑這5種生藥在內的漢方藥，對於體力不是很好、感冒初期的人來說，會非常有效唷。在桂枝湯包含的生藥當中，如果增加芍藥的量，就會成為另一款名為桂枝加芍藥湯（→30頁）的漢方藥呢。桂枝加芍藥湯對於治療腹瀉或者便秘都十分有效唷。另外，如果在桂枝加芍藥湯中加入膠飴這種生藥，就會變成小建中湯（→42頁）。小建中湯是對於身體虛弱的孩童，具有改善體質功效的漢方藥唷。

就像上面所描述的，漢方藥就是生藥的加法，會為原先的藥方增添新的功效唷。

漢方藥有很多是在飯前吃的，這是因為在飯後吃的話，食物的成分也會混在一起，導致生藥原先的平衡被打亂

增加芍藥	添加膠飴	
桂皮(桂枝) 芍藥 大棗 甘草 生薑	芍藥 桂皮(桂枝) 大棗 甘草 芍藥	芍藥 桂皮(桂枝) 大棗 甘草 生薑 膠飴
桂枝湯	桂枝加芍藥湯	小建中湯

漢方藥服用方式

漢方藥名字最後面會有「湯」、「散」、「丸」等文字，這就是原先這款漢方藥的服用方式。所謂「湯」是指必須熬煮之後飲用；「散」是要直接吞服粉末狀的生藥；「丸」則是已經將粉末狀的生藥以蜜蠟等物質揉合成一個丸劑，可以直接吞下。目前大多是作成比粉末大一些的顆粒等，可以直接服用。

漢方藥的職責是哪些事情？

西藥可以退燒、止痛、降血壓等等，針對這些原因非常清楚的特定症狀，具有很好的效果。另一方面，由於漢方藥是組合搭配多種生藥，因此會對各式各樣的症狀緩緩地產生治療效果。尤其是那些到醫院檢查，也搞不清楚原因的疲勞、或者痠麻等症狀，就非常適合使用漢方藥。

最重要的是，必須徹底理解西藥及漢方藥各自的優點及缺點，然後再進行治療。就算是以西藥為主進行治療，如果有無法處理的身體不適狀況，那麼使用漢方藥就會效果很好。也就是說，漢方藥是用來輔助西藥的。

順帶一提，漢方藥和西藥不同，就算是相同的症狀，如果是肌肉發達、有體力的「結實型」，或者是身材較為纖細、體力不佳的「纖瘦型」等，也會因人而異、有不同的漢方藥喔。

得要知道自己是哪一種型的呢！

對身體是否有不良影響？

漢方藥的材料，也就是生藥，是由植物、動物或礦物等天然物質構成的，因此有些人會說對身體並沒有不良影響，不過這樣就不對了。會造成許多疾病的香菸，不也是從名為菸草的植物葉片製作出來的嗎。也就是說，並不是因為天然，就絕對是安全的。當然，漢方藥自然也是如此。

漢方藥會對身體造成的不良影響，雖然大多數和西藥會造成的影響相比，實在不是什麼了不得的問題，不過有少數的例子可是攸關性命的唷。所以囉，如果醫師有特別提要注意的地方，還請務必遵守，如果有覺得很在意的事情，也要馬上告知醫師唷。

你們兩個人應該都越來越明白漢方藥了吧？那麼，我們就出門去踏上漢方藥探險之旅吧！

對於風寒或者流行性感冒有效的漢方藥

柴胡桂枝湯君

葛根湯君

　　你們大部分人，應該都曾經至少感冒過一次吧。感冒對大家來說，大概就是最貼近生活、最熟悉的疾病了吧。雖然都叫做感冒或者風寒，但其實症狀非常多種呢。舉例來說，有時候會發燒、非常痛苦，又或者是會一直流鼻水。還有，也有人會苦於不斷咳嗽、停不下來。甚至有時候是除了頭痛以外，全身上下都感到非常疼痛。除此之外，也有人會食慾不振、又或者是作嘔欲吐呢。用於感冒及風寒的漢方藥非常多，在這個章節中出現的我們，就是比較具代表性的幾種。

　　葛根湯是在感冒初期的時候，能夠產生藥效的漢方藥。香蘇散最適合幫助那些體力不是很好的人治療感冒。小青龍湯很能解決流鼻水、鼻塞的問題；麥門冬湯則具有鎮定乾咳的效果。如果感

麥門冬湯小弟♂

小青龍湯大人

香蘇散小弟

麻黃湯君

冒拖得非常久，那麼就可以求助於柴胡桂枝湯。麻黃湯在體力較佳的人剛感冒的時候會很有效，不過也可以用來治療流行性感冒喔。如果罹患了流行性感冒，就很容易發高燒、非常痛苦，也不能去學校上課，很糟糕對吧。所以這時候，記得要想起麻黃湯唷。

　　如同我所說的，每個漢方藥都非常有個性呢。所以囉，最重要的就是配合感冒的症狀、以及你自己的體質等等，選擇可以使用的藥物唷。

葛根湯 君

對感冒有效、大家非常熟悉的漢方藥！

如果覺得自己感冒了，就先想起我來吧！

▷▷ 我正如自己的名字，是由名為葛根的生藥做成的唷。

▷▷ 因為我有幫助發汗、退燒的功效，所以是非常具代表性、在感冒初期使用的漢方藥。

▷▷ 除了鼻炎、中耳炎等發炎症狀以外，我也對於頭痛或肩頸僵硬非常有效，是漢方藥當中的萬能小幫手唷。

適合使用者	包含生藥項目	有效之主要症狀
 結實型	葛根／大棗／麻黃／甘草／桂皮（桂枝）／芍藥／生薑	發熱、惡寒、流鼻水、喉嚨疼痛等感冒初期症狀；鼻炎、中耳炎、結膜炎、角膜炎、扁桃腺發炎、乳腺炎等發炎症狀；頭痛；神經痛；肩頸僵硬

是什麼樣的漢方藥？

我是葛根湯。我在漢方藥當中，應該算是比較有名的吧，大家是不是都有聽過我的名字呢？咦！你還有喝過我嗎！那真是太感謝啦！

我的主要成分呢，就如同我的名字所顯示的，是一種名為葛根的生藥唷。所謂葛根呢，就是有一種會開出紫色花朵的植物，叫做葛，

這種植物的根部就是葛根唷。包含葛根在內，我是由7種生藥組合而成的唷。

最能讓我發揮力量的，就是大家感冒初期的時候。如果覺得有些些發寒、可能感冒了，那就先試試我吧。我進入身體之後，就能夠幫助人體發汗、退燒，具有讓感冒痊癒的功效喔。

葛根具有幫助發汗的功效呢。

其他還有哪些效能？

我呢，除了感冒初期以外，也在許多地方大大活躍唷。舉例來說，鼻炎、中耳炎、結膜炎、角膜炎、扁桃腺發炎、乳腺炎等等，這類引起發炎的疾病相關症狀，我也都能發揮力量改善不適唷。

除此之外，我的生藥當中有一種叫作麻黃的，具有能夠鎮靜疼痛的效果，所以也能夠緩和頭痛、神經痛之類的疼痛唷。另外芍藥對於

緊繃的肌肉也具有鬆弛的功能，所以苦於肩頸僵硬的人，也可以仰賴我唷。我呢，因為對於很多症狀都能夠產生效果，所以可以說是漢方藥當中的萬能小幫手吧！

不過呢，雖然對於體力有自信的人來說，我是沒有問題，可是如果你非常虛弱的話，很可能我沒辦法幫上你的忙，所以要問問醫生的意見唷。

我想知道！
漢方藥

「葛根湯對感冒有效」是真的嗎？

提到能對感冒產生效用的漢方藥，似乎是有很多人都會想到我葛根湯吧。但是，當中也有人不太適合用我的唷。漢方藥會對於不同人有「合或不合」的問題，所以如果體質與我不太相合的人，推薦你可以試試其他的漢方藥唷。

漢方藥最重要的，就是要選擇適合自己的呢！

香蘇散 小弟

我還挺可靠的唷！

身體虛弱的人，感冒初期要來找我！

▶▶ 我啊，是從一種叫做香附的植物的根部製作出來的香附子，搭配紫蘇葉片作成的紫蘇葉這兩種生藥做成的，所以叫做香蘇散唷。

▶▶ 如果是沒什麼體力的人、又或者是腸胃虛弱的人等等，感冒初期的時候服用我，效果很好唷。

▶▶ 如果覺得意志消沉、又或者是發生過敏現象，我也都能幫上忙唷。

適合使用者

纖瘦型

年長者

孕婦

包含生藥項目

香附子／紫蘇葉／陳皮／甘草／生薑

有效之主要症狀

惡寒、發熱等感冒初期症狀；由於氣鬱導致之精神不安、失眠、食慾不振；因魚類引發之過敏

首先，就先告訴大家我的名字香蘇散是什麼意思吧。我是由5種生藥混合在一起做成的，當中有2種生藥，分別叫做香附子和紫蘇葉，因為有這兩種東西，所以我才會被取名叫做香蘇散。順帶一提，香附子是一種外觀看起來像是芒花、名為香附的植物，從它的根部做成的生藥就是香附子；而紫蘇葉當然就是用紫蘇的葉子製作的囉。

因為我具有溫熱身體的功效，就和葛根湯（→14頁）一樣，對於感冒初期的症狀非常有效唷。我和葛根湯君不同的地方在於，我比較適合體力不是很好的人、又或者是腸胃比較虛弱的人。也可以給年紀較長者以及孕婦們使用喔。也就是說，我是身體虛弱者的好夥伴！

其他還有哪些效能？

其實我啊，除了能幫忙身體虛弱的人以外，也是心靈虛弱的人的好夥伴唷。如果覺得心情不爽快、非常消沉的話，這種狀態就被稱為氣鬱，大家周遭有沒有這樣的人呢？氣鬱的人經常會因為心理狀態，而導致影響到身體許多地方。舉例來說，如果感受到強烈的壓力，心情非常不穩定，就很容易睡不著覺。似乎有些人也會沒有食慾的樣子。如果有這樣的人，還請務必試試我唷。

還有，我的成分當中的紫蘇葉，除了能夠醫治感冒以外，也對於那些因為吃了魚類，結果產生蕁麻疹等過敏現象能夠有所幫助唷。

> 香蘇散和參蘇飲都是適合身體較為虛弱者的漢方藥喔。

我的夥伴！

參蘇飲君
參蘇飲君是含有人參及紫蘇葉的漢方藥，如果感冒拖非常久了，那麼就求助於他吧。我在感冒初期的時候，是還滿有自信的，不過實在不擅長應付拖了非常久的感冒。參蘇飲君能夠緩和那些拖了很久的感冒症狀，比方咳嗽、發燒、頭痛等等。

小青龍湯 大人

你那些跟鼻子相關的感冒症狀，就讓我來幫忙你治好吧。

對於流鼻水、鼻塞都很有效！

▶▶ 我這個小青龍湯的名字，是跟中國神話當中會出現的名為青龍之神明有關係唷。

▶▶ 如果想要緩和流鼻水、鼻塞等等，這些和鼻子相關的感冒症狀，那我就能幫上忙了。

▶▶ 我也對花粉症、支氣管炎、氣喘都具有藥效喔。

適合使用者	包含生藥項目	有效之主要症狀
中間型	半夏／乾薑／甘草／桂皮（桂枝）／五味子／細辛／芍藥／麻黃	流鼻水、鼻塞等鼻子相關感冒症狀；痰；噴嚏；咳嗽；花粉症；過敏性鼻炎；過敏性結膜炎；支氣管炎；氣喘

是什麼樣的漢方藥？

我的名字小青龍湯的由來，和其他大部分的漢方藥不太一樣，並不是因為我包含了某幾種生藥而取的名字。從前的中國神話當中，有司掌東南西北四個方位、姿態為動物的四神。而我的名字，就是從四神當中的青龍來的。我的名字和神明有關係，實在太光榮了！

我能夠大為活躍的，就是在大家有流鼻水、鼻塞，這些鼻子相關感冒症狀的時候。尤其是沒有發燒、只是一直流些很稀的鼻水時，就請想起我來。我一定能夠幫上你的忙。另外呢，如果想緩和打噴嚏或者咳嗽等症狀的時候，我也能夠借助你力量唷。

小青龍湯成分當中的乾薑，是指乾燥後的生薑，具有溫熱身體的功效唷。

其他還有哪些效能？

我另外也是作為能對花粉症生效的漢方藥而大大有名喔。如果花粉症發作了，不僅僅是流鼻水、打噴嚏，有時候還會引發鼻子或眼睛發炎對吧。我呢，就具有可以抑制這些過敏性鼻炎或結膜炎的功效唷。

最近則因為被用來治療支氣管炎或者氣喘，大大受到矚目。我能夠活躍的地方也一口氣增加了，變得挺忙碌。尤其是花粉症大為流行的春季，我實在是忙到頭暈眼花啦。

不過，在使用我的時候，如果是高血壓或者心臟有疾病的人，就得要特別注意了。因為有時候可能會產生心悸、又或者是血壓上升的情形。

我想知道！漢方藥
以神明之名為命名由來的漢方藥

除了我以外，其他還有以四神（青龍、白虎、朱雀、玄武）為名的漢方藥。比方說真武湯大人（→32頁）就是取自「玄武」；白虎加人參湯（→71頁）則有著「白虎」之名。從前的人們，可能是認為我們這些藥劑當中，有神明的存在吧。

竟然有漢方藥是以神明之名來命名的，真令人驚訝！

麥門冬湯 小弟

鎮定乾巴巴的咳嗽！

人家會用濕潤來保護大家的喉嚨唷！

▷▷ 人家是用6種生藥混合在一起做出來的，裡面最多的就是麥門冬喔。

▷▷ 如果因為感冒，而開始乾乾的咳嗽，又或者是一直有痰的咳嗽，我都很能發揮效用喔。

▷▷ 還有支氣管炎或者氣喘等等，只要是喉嚨相關的疾病，我都能發揮力量！

適合使用者

纖瘦型

年長者

孕婦

包含生藥項目

麥門冬／半夏／大棗／
甘草／人參／粳米

有效之主要症狀

乾燥性咳嗽；無法止痰之咳嗽；支氣管炎；氣喘；聲音乾啞

是什麼樣的漢方藥？

用來當成人家名字的生藥麥門冬，是從一種植物的根部做成的，這種植物就叫做麥門冬、長得像百合。我另外還包含了5種生藥，不過麥門冬的比例非常大。

如果有體力不是很好的人，他罹患了感冒、而且一直乾咳的時候，就適合推薦我這個漢方藥給他唷。因為麥門冬會給予腸胃及肺部潤澤，具有鎮定咳嗽的效果喔！

另外，半夏這個生藥有個效果，就是去除喉嚨當中卡住的痰。所以呢，如果感冒之後咳嗽一直都有痰的話，特別是年長者經常都會使用我呢。

麥門冬湯也非常推薦給孕婦在乾咳的時候使用喔！

其他還有哪些效能？

人家除了咳嗽以外，也能夠在支氣管炎、或者氣喘等喉嚨相關的疾病上發揮功效唷。只要用了人家，就能夠減緩這些疾病的症狀。

還有，如果想要改善乾啞的聲音，我應該也能幫上忙唷。會發出乾啞的聲音，是因為嘴巴或者喉嚨深處非常乾燥、又或是卡著痰、也可能是因為一直嚴重的乾咳。所以含有大量滋潤成分的我，就能夠活力十足的盡量工作囉！

人家雖然對於喉嚨相關的各種疾病都能發揮功效，不過如果有黃色的痰，那我就不太有效果囉。這種時候我就會把工作交棒給麻杏甘石湯了。

人家的夥伴！

麻杏甘石湯 小弟
如果咳嗽的時候伴隨的痰是黃色的，那就該請麻杏甘石湯小弟出場囉。他和人家不一樣，麻杏甘石湯小弟適合比較有體力的人。因為功效非常強，所以就算咳嗽非常嚴重、又或者是氣喘方面的問題，都會非常有效喔。

如果同時服用麥門冬湯和麻杏甘石湯，治療乾咳的效果會更好喔。

柴胡桂枝湯 君

拖太久的感冒，就交給我們吧！

如果感冒一不小心拖了太久，那麼記得要呼叫我們唷！

▶▶ 我們呢，是因為成分當中的生藥包含柴胡和桂皮（桂枝），所以才會取這個名字唷。

▶▶ 如果有人沒什麼體力，又一不小心感冒拖了很久，只要發了汗馬上服用我，就會很有效唷。

▶▶ 我們能夠大為活躍工作的地方非常廣泛，也會用來作為緩和胃潰瘍或十二指腸潰瘍等疼痛的藥品。

適合使用者	包含生藥項目	有效之主要症狀
 纖瘦型　身體虛弱的孩童	柴胡／半夏／黃芩／甘草／桂皮（桂枝）／芍藥／大棗／人參／生薑	發燒、惡寒、頭痛等感冒症狀；腹痛；胃潰瘍、十二指腸潰瘍；膽囊炎、胰臟炎、肝功能障礙等疼痛；兒童虛弱；失眠；疲勞

是什麼樣的漢方藥？

我們這個名字哪，是從成分當中的兩種生藥結合而來的唷。一個就是柴胡，它是一種開著黃色小花、名為紅柴胡的植物，從它的根部製作的生藥就是柴胡了。另一個則是桂枝，它又叫做桂皮，是從名為肉桂的植物做成的生藥唷。肉桂這個名字，我想大家應該就覺得滿熟悉了吧。

我們比較適合沒什麼體力的人唷。如果這種人罹患感冒，又不小心拖了太久，那麼在他出汗之後服用我們，就會對很多症狀產生效用，比如發燒或者惡寒、頭痛、身體疼痛、食慾不振或者作嘔欲吐感等等，我們都能幫忙緩和症狀唷。

> 添加了柴胡的漢方藥，就稱為柴胡劑唷。柴胡劑對於拖太久的症狀都很有效。

其他還有哪些效能？

我們呢，也常被當成用來緩和各種疼痛的藥品喔。除了腹痛以外，對於胃潰瘍或十二指腸潰瘍、膽囊炎、胰臟炎、肝功能障礙等造成的疼痛，也都非常有效果。

除此之外，非常容易因為感冒而求醫的孩童、睡不著的人、容易疲勞的人，我們也能夠發揮力量，協助他們改善體質。因為我能夠工作的地方實在非常多，所以也有人叫我們是萬能藥喔。很厲害吧！

但是，即使我們是萬能藥，也是有人不適合使用我們的，因為可能會引起他們的肺臟或肝臟發生問題。如果因為我們，結果弄壞了身體的話，我們會非常悲傷的，所以希望大家都能夠好好確認適不適合自己唷。

我們的夥伴！

桂枝湯先生
這是在感冒初期的時候能夠生效的藥喔。跟我們相比，桂枝湯適合身體更為虛弱的人。他的成分包含桂枝（桂皮）、芍藥、大棗、甘草、生薑，如果把這個桂枝湯和柴胡劑當中的小柴胡湯小弟（→40頁）加在一起，那就是我們柴胡桂枝湯囉。

> 不包含柴胡的桂枝湯，是用在感冒初期的藥；而柴胡桂枝湯則對拖太久的感冒非常有效唷！

麻黃湯 君

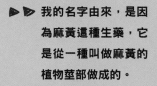

如果發了高燒、非常痛苦，那麼就交給我吧！

風寒或者流行性感冒的特效藥！

▶▷ 我的名字由來，是因為麻黃這種生藥，它是從一種叫做麻黃的植物莖部做成的。

▶▷ 對於體力尚佳的人、又或者是很有活力的小孩子感冒初期的時候，特別具有治療效果唷。

▶▷ 我除了一般的風寒小感冒以外，也對流行性感冒很有效喔。

適合使用者

結實型

有活力的孩童

包含生藥項目

杏仁／麻黃／桂皮（桂枝）／甘草

有效之主要症狀

惡寒、發燒、頭痛、喉嚨疼痛、關節痛、肌肉疼痛等感冒症狀；流行性感冒；氣喘；風濕性關節炎

是什麼樣的漢方藥？

提到感冒初期的時候，效果非常強的漢方藥，那麼就是指我麻黃湯啦。正如我名字所表示的，我的成分當中有一種叫做麻黃的生藥，它是由一種長得像細細的竹子、名為麻黃那種植物的莖部製作而成。包含麻黃這種生藥在內的漢方藥，都被稱為麻黃劑，而我可以說就是這些麻黃劑的小隊長吧。

我呢，除了具有溫熱身體、幫助人排汗、鎮定咳嗽的功效以外，另外也能夠幫忙大家止痛唷。所以呢，如果出現惡寒、發燒、頭痛、喉嚨疼痛、關節痛或肌肉疼痛等等感冒的相關各種症狀，我都能治療喔。葛根湯（→ 14 頁）也是非常有名的感冒初期用藥，不過以效用來說我比較強，適合有體力的人、或者是非常有活力的小孩子唷。

其他還有哪些效能？

我最近啊，除了一般風寒小感冒以外，也會被使用來治療流行性感冒唷。如果罹患了流行性感冒，就很容易忽然發高燒；又或者是有頭痛、關節痛等等，身體會很不舒服對吧。這種時候就依賴我一下吧！但是，流行性感冒有時候症狀會忽然變得非常嚴重，那時候還是應該要去給醫生看，吃那些可以直接殺死疾病成因病毒的西藥喔。

另外我對於氣喘、風濕性關節炎等也都有療效。

以我為始，添加了許多麻黃的漢方藥，都適合比較有體力的人。如果是沒有體力、或者已經有其他疾病在身的人，千萬要記得這件事情喔，不要隨意服用我喔。

我的夥伴！

麻黃附子細辛湯君
他和我一樣，是在感冒初期能夠產生效用的漢方藥喔。因為成分當中的麻黃分量比我少，所以適用於有活力的老人家、或者是對於體力沒什麼自信的人。麻黃附子細辛湯君使用的生藥有麻黃、附子、細辛三種，這些生藥都具有溫熱身體的功效唷。

另外還有比麻黃附子細辛湯適合體力更弱的人，就是香蘇散（→16頁）。

能夠幫助腸胃工作的漢方藥

麻子仁丸小妹

真武湯大哥

桂枝加芍藥湯姐姐

　　在這裡出場的我們哪，是在腸胃狀況不好的時候，能夠幫助你的漢方藥唷。聽說最近有很多人會因為腸胃的狀況不好，還得去看醫生呢。當中是不是有很多人，是因為每天都覺得感受到壓力，所以才會這樣呢？畢竟如果一直壓力很大，就會對於身體各處產生影響呢。最具代表性容易被影響的，就是腸胃唷。當然，我想也有些人是其他因素啦。不管是什麼樣的理由，我想我們對於腸胃狀況不好的人，應該都能幫上些忙的。

　　安中散特別能夠改善胃部的疼痛唷。如果一直反覆腹瀉或者便秘，那麼桂枝加芍藥湯就能幫助

小建中湯超人

補中益氣湯大哥

安中散小弟

小柴胡湯小弟

六君子湯殿下

你。如果是身體虛弱的人腹瀉，那麼真武湯會是非常有效的漢方藥；如果便秘的話，那麼就仰賴麻子仁丸吧。它能夠滋潤腸道，改善便秘狀況唷。如果有人提不起食慾、又或者是胃脹氣、胃食道逆流等等，那麼建議他使用六君子湯。覺得疲憊萬分沒有活力，那麼就找補中益氣湯。這名字聽起來就很有活力對吧！小柴胡湯除了腸胃炎以外，對肝炎也有效果唷。常聽說「近來很多小孩子沒什麼活力」，小建中湯具有讓那些孩子活力滿滿的功效唷。

和腸胃狀況不佳相關的漢方藥有很多唷。你和誰比較合得來呢？

安中散 小弟

抑制胃部疼痛！

如大家所見，我是看護胃部的漢方藥唷！

▶▷ 我的名字「安中」的由來，意思就是讓腸胃安穩唷。

▶▷ 我特別擅長鎮靜胃痛呢！

▶▷ 我啊，可以調整腸胃狀況，也能夠緩和燒心或者腹脹感唷。

適合使用者	包含生藥項目	有效之主要症狀
 纖瘦型	桂皮（桂枝）／延胡索／ 牡蠣／茴香／甘草／ 砂仁／良薑	胃痛；胃脹；燒心；腹脹感；作嘔欲 吐感；胃下垂；蠕動不良；生理痛

是什麼樣的漢方藥？

我的名字是安中散。就只有三個字，感覺很簡單對吧，大家馬上就能記住我了。安中散的「中」是指身體軀幹的意思，也就是腸胃那一帶唷。所以所謂的「安中」就是指讓腸胃安穩。我的成分當中有一種叫做延胡索的生藥，具有能夠緩和疼痛的功效，尤其是對於胃痛特別有效唷。

大家有聽過功能性消化不良嗎？這是指雖然去醫院檢查之後，並沒有發現什麼問題，但是卻覺得腸胃的狀況不好的一種疾病。也有人說這是在壓力大的現代社會當中特有的疾病。我對於這種病症也是有效的唷。也許我是個現代孩子吧。

> 壓力也是會成為疾病原因的呢。

其他還有哪些效能？

我的成分所包含的生藥，有很多都是能夠溫熱身體、讓血液循環變好，藉此來讓腸胃變得穩定一些。所以囉，因為有這些生藥，我除了由於胃痛、胃脹而感受到的腹脹感、作嘔欲吐感等等以外，只要是和腸胃相關的各種症狀，都能發揮我的力量唷。

除此之外，比方說胃比正常的位置還要來得低的胃下垂、又或者是胃部肌肉鬆弛導致蠕動不良等疾病造成的不適感，我都能夠加以緩和唷。

有胃潰瘍的人，要去和醫師好好商量過後，再來判斷能不能用我喔。順帶一提，我比較適合給體力不是很好的人唷。

我的夥伴！

半夏瀉心湯 小弟
半夏瀉心湯小弟和我一樣，是治療腸胃不適非常有名的漢方藥唷。他的成分當中一種叫做半夏的生藥，具有停止作嘔欲吐感的功效。他和我不一樣，比較適合給有體力的人。如果是不適合用半夏瀉心湯小弟的人，就可能會來試試我。

> 安中散對生理痛也有效唷。

桂枝加芍藥湯 姐姐

反覆腹瀉和便秘就找她！

「美人立如芍藥」就是指我嗎？！

▶▶ 我名字當中的芍藥，是一種會開出非常美麗花朵的植物唷。

▶▶ 我啊，對於經常發生腹瀉、或者便秘的過敏性腸道症候群非常具有療效唷。

▶▶ 對於改善裡急後重※或者便秘也都十分有效。我的刺激性很小，適合年長者和女性。

※譯註：醫學術語，指腹痛急需大便卻無法排出糞便的症狀

適合使用者

 纖瘦型　 年長者　 女性

包含生藥項目

芍藥／桂皮（桂枝）／大棗／甘草／生薑

有效之主要症狀

過敏性腸道症候群（腹瀉、便秘）；腹痛；裡急後重；腹脹感

是什麼樣的漢方藥？

大家有聽過一句俗話是：「立如芍藥、坐如牡丹、步姿如百合」嗎？這句話意思是說一個美人的姿態就宛如芍藥、牡丹和百合這些美麗的花朵似地。我的成分生藥當中包含了芍藥，大家不覺得這就是在說我嗎?!芍藥具有緩和肌肉緊張的功效唷。

我啊，對於強烈壓力造成大腸過度敏感，引發經常性的腹瀉或便秘這種過敏性腸道症候群是非常有效的。尤其對於是反反覆覆一直腹瀉或者便秘的人，具有很大的效果唷。雖然肚子疼痛的方式也是非常多種，不過如果是那種一直緊縮、忽地就像有人戳了一下的那種疼痛，就用我的魅力來幫你緩和吧。

將美人說成芍藥
真是個好比喻！

其他還有哪些效能？

有沒有人是那種，肚子一痛起來、覺得想要大便，但是去了廁所又大不出來；又或者是大出來了，量卻非常少呢？如果一直發生這種狀況，那就叫做裡急後重唷。我聽說那真的是還滿痛苦的。但是，我希望大家都能放下心來。畢竟，我可以幫忙大家改善裡急後重啊！還有，我的刺激性非常小，所以有很多苦於便秘的年長者和女性會使用我呢。

除此之外，有些人會覺得自己有腹脹感，也就是肚子一直脹脹的、備受壓迫那種感覺，我也很有效唷。有時候在做了手術以後，也可能會有腹脹感，我就可以緩和這種症狀的不舒服感喔。

我想知道！漢方藥　成分當中包含了相同的生藥，卻是不同種的漢方藥？

我是桂枝加芍藥湯，和桂枝湯先生（→23頁）其實成分當中的生藥完全相同。我們都包含了芍藥、桂皮（桂枝）、大棗、甘草、生薑這5種生藥，不同的只有芍藥的分量。桂枝湯先生具有治療感冒的效果，只要把他的芍藥分量增加的話，就會成為對於肚子能產生效用的我。也就是說，就算是相同種類的生藥，也會有完全不同的效果喔。大家是不是很驚訝呢？

真武湯 大人

> 我是身體虛弱者的好夥伴。

▶▶ 我的名字叫做真武湯，由來是中國神話當中的玄武這個神明唷。

對於像洩洪的腹瀉很有效！

閉

▶▶ 包含腹瀉在內，我對於各式各樣的腸胃不適都有功效喔。

▶▶ 如果有苦於肚子發冷、暈眩、姿勢性低血壓、倦怠等症狀的人，我應該也能幫上忙。

適合使用者	包含生藥項目	有效之主要症狀
 纖瘦型　年長者	茯苓／芍藥／蒼术／生薑／附子	腹瀉；消化不良；慢性腸胃炎；腹寒；腹痛；暈眩；姿勢性低血壓；倦怠

是什麼樣的漢方藥？

我的名字真武湯，就和小青龍湯大人（→ 18頁）一樣，是根據中國神話當中出現的四神裡面的玄武取的。我的樣貌是蛇纏繞在烏龜上，就是仿效玄武唷。

我適合新陳代謝變得不是非常好的年長者，又或者是身體虛弱的人等等。這些人腸胃不適的時候，還請務必試試我這個漢方藥。我對於腹瀉特別有效唷。還有啊，尤其是那種拉肚子像洩洪、都是水的腹瀉，我可是特別有自信呢。

除此之外，我對於消化不良、慢性腸胃炎等等，各種腸胃不適的症狀應該也都能幫上忙唷。

> 所謂新陳代謝，就是人體當中將組織細胞更換為新細胞喔。

其他還有哪些效能？

包含附子這種生藥的漢方藥，統稱為附子劑，而我也是其中之一。附子具有能夠溫熱身體、緩和疼痛的效果。所以啦，如果肚子寒冷的人、又或者是腹部疼痛的人，都很推薦使用我唷。不過呢，附子這種生藥不太適合體力很好的人，這就要請大家多加注意囉。

除此之外，我對於暈眩或者姿勢性低血壓、全身倦怠等等都非常具有功效。還有啊，也有些醫生對於罹患癌症、但希望能多少提起精神的人，也會推薦我唷。

就是這樣，我是身體虛弱者的好夥伴，在很多地方默默努力唷。

我的夥伴！

人參湯爺爺
人參湯爺爺和我一樣，適合沒什麼體力的人。他和我不一樣的地方，就是他是對於腹瀉物宛如泥巴一樣的腹瀉有效。人參湯爺爺成分當中的人參這個生藥，並不是蔬菜（日文中人參這個漢字指的是紅蘿蔔）而是使用藥用人參唷。還請大家千萬不要弄錯。

> 日文的人參表示蔬菜也代表藥物呢！

麻子仁丸 小妹

千萬不可以小看便秘唷！

滋潤腸道解決便秘問題！

▶▶ 我的成分當中分量最多的生藥，就是我名字的由來，也就是對便秘很有效的麻子仁唷。

▶▶ 尤其是那種糞便狀態看起來就像是兔子大便、一顆顆圓滾滾的人，希望你們都能來依靠我唷。

▶▶ 除了便秘以外，我也能夠改善因為便秘造成的各種症狀唷。

適合使用者

纖瘦型

年長者

包含生藥項目

麻子仁／大黃／枳實／
杏仁／厚朴／芍藥

有效之主要症狀

便秘；便秘造成之各種症狀（皮膚疾病、食慾不振、氣鬱等）

是什麼樣的漢方藥？

人家是由6種生藥做成的呢。當中含量最多的生藥，就是人家的名字由來麻子仁唷。麻子仁就如同漢字所寫的一樣，是從麻這種植物的果實製作出來的生藥，具有能夠潤澤腸道、改善便秘的功效唷。除此之外，我成分當中的大黃，也是能夠改善便秘的藥物唷。就是托這些生藥的福，我作為治療便秘的漢方藥，有著頗高的評價。

尤其是年長者或身體虛弱的人，如果排便時糞便硬梆梆又圓滾滾、像是兔子糞便一樣的話，我特別有效果呢。如果是大病初癒的人便秘，也非常適合用我。

> 除了排便的時候大不出東西以外，如果糞便的狀態是小顆圓滾滾、或者非常堅硬的話，也一樣叫做便秘呢！

其他還有哪些效能？

會使用到我，大部分都是要改善便秘唷。話雖如此，可別因為我只對便秘有效，就覺得這也沒什麼喔！畢竟，苦於便秘的人真的非常多。我啊，能夠幫助那麼多的人，真的是非常幸福唷。

而且啊，其實我把便秘治好了以後，也會同時發生一些好事唷。舉例來說，乾巴巴的皮膚會變得狀況較佳、青春痘也會變好、食慾增加、心情舒爽等等……。這點就和其他漢方藥相同，是因為我包含了各式各樣的生藥唷。只需要一帖漢方藥，就能夠治好各種症狀，大家都明白了嗎？

人家的夥伴！

大黃甘草湯 姐姐

她是和我並駕齊驅、改善便秘藥劑當中非常具代表性的漢方藥唷。大黃這種生藥，具有幫助排泄的功效唷。如果想要排便爽快，那就建議使用大黃甘草湯姐姐了。不過啊，她和我不太一樣，如果持續使用大黃甘草湯姐姐的話，效果會越來越輕微，這要多加注意唷。

> 非常不可思議，大黃對於便秘或者腹瀉都有效呢。

六君子湯 殿下

腸胃虛弱，沒有食慾的時候就找我！

正常飲食是健康的基本條件！食慾是非常重要的唷。

▶▷ 在下成分包含的生藥當中，有6種被比喻為君子唷。

▶▷ 提到用來對付食慾不振的漢方藥，那就是指在下啦。除此之外，我也能對各種腸胃不適的症狀發揮效用喔。

▶▷ 在下對於憂鬱症也能幫上忙呢。

適合使用者

纖瘦型

包含生藥項目

蒼朮／人參／半夏／茯苓／
大棗／陳皮／甘草／生薑

有效之主要症狀

食慾不振；胃痛；胃脹；燒心；作嘔
欲吐感；腹脹感；倦怠；手腳冰冷；
胃下垂；蠕動不良；輕微憂鬱症；因
醫治憂鬱症的西藥造成之食慾不振

是什麼樣的漢方藥？

在下包含了8種生藥，當中蒼朮、人參、半夏、茯苓、陳皮、甘草這6種，被比喻是如同君子一般的藥物喔。所謂君子，就是有著優秀的知識以及偉大的人格，這樣的人哪。在下由這6種被比喻成君子的生藥打造而成，因此就叫做六君子湯。在下也下定決心，希望能夠像君子一樣幫助許多人哪。

在下適合沒什麼體力、腸胃虛弱的人喔。尤其擅長改善食慾不振的情況。因此，如果有人食慾不振，還滿多醫生會馬上就推薦我。除此之外，胃痛、胃脹、燒心、作嘔欲吐感、腹脹感等等，這些腸胃相關的各種症狀，我都具有能夠改善它們的功效唷。

其他還有哪些效能？

沒有食慾的時候，應該也不會好好的吃東西吧。這樣的狀態下，身體會感到倦怠、手腳也會有點冰冷呢。只要用了我，一定就能夠引發食慾，就連全身的倦怠感、手腳冰冷的情況也會好轉喔。

另外，我和安中散小弟（→28頁）一樣，對於胃下垂或蠕動不良也都具有改善功效唷。

也許各位會感到有點意外，但其實我也能讓大家提起精神，所以對於輕微的憂鬱症也能發揮力量唷。還有，如果因為吃了憂鬱症用的西藥，結果引發食慾不振的話，這種時候就可以稍微仰賴我一下囉。

在下的夥伴！

四君子湯殿下
雖然在下已經算適合沒什麼體力、腸胃虛弱的人，但四君子湯殿下可是比在下適合更加虛弱者的漢方藥唷。他是把我成分當中的8種生藥裡的半夏和陳皮拿掉之後做成的。如果試了我之後，覺得有胃脹感的人，還請務必試試四君子湯哪。

如果能夠提起食慾，那麼和這件事情相關的所有症狀都會有所改善唷。

補中益氣湯 大哥

我會給予大家很多活力唷！

▶▶ 我的名字當中的「益氣」，就是指增添活力的意思唷。

增添大家的活力，
讓腸胃工作狀況變好！

▶▶ 我對於食慾不振或者夏季倦怠等，各種腸胃不適都能發揮效用喔！

▶▶ 生了病而覺得情緒低落的時候，我能夠讓活力恢復、給予大家面對疾病的勇氣唷。

適合使用者	包含生藥項目	有效之主要症狀
 纖瘦型	黃耆／蒼朮／人參／當歸／柴胡／大棗／陳皮／甘草／升麻／生薑	食慾不振；夏季倦怠；胃下垂；蠕動不良；倦怠感；疲勞；預防風寒、流行性感冒；氣鬱

是什麼樣的漢方藥？

　　我的名字當中益氣的「益」就是增加的意思，「氣」則是表示氣血活力唷。也就是說，我能夠在身體或心靈感到疲累的時候，為大家增添活力、治療腸胃不適的情況。如果人失去活力，那麼腸胃的狀況也會變得怪怪的，而我的成分當中的黃耆和人參，是能夠恢復活力和體力的生藥，另外我也還包含了一些能夠改善腸胃工作狀況的生藥，所以還請大家務必求助於我唷。

　　腸胃不適有各式各樣的症狀，舉例來說有食慾不振、夏季倦怠、胃下垂、蠕動不良等等，這些我都能幫上忙喔。治好腸胃以後，就能讓大家都像我一樣有活力啦！

補中益氣湯適合沒有什麼體力的人唷。

其他還有哪些效能？

　　因為我能夠讓人提起活力，所以對於很多症狀都能產生效果。舉例來說，如果覺得全身倦怠、無法消除疲勞的時候，我也能夠改善這些情況，還可以預防風寒或者流行性感冒唷。我很厲害吧！

　　除此之外，如果罹患了其他疾病的時候能夠使用我的話，那麼也能夠提起勇氣面對那個疾病了。所以啦，如果是正在住院、又或者罹患了癌症等比較嚴重的疾病，還請務必試試我唷。如果因為過於消沉而導致氣鬱，我也能幫上忙呢。

　　若是你的身體變虛弱了，經常都在生病的話，也許可以藉由我的力量來改善體質喔。總之呢，想要取回活力的時候，就是我上場的時候啦！

我想知道！漢方藥　讓人提起活力的參耆劑

像我這樣，成分當中包含了黃耆和人參的漢方藥，就叫做參耆劑唷。參耆劑能夠為疲勞之人帶來活力與體力，是能夠恢復身體機能的漢方藥。除了我補中益氣湯以外，還有十全大補湯先生（→66頁）、半夏白朮天麻湯君（→73頁）等等，總共有十種唷。

補中益氣湯和十全大補湯，可是參耆劑的兩巨頭呢。

小柴胡湯 小弟

對於拖很久的腸胃炎或肝炎有效！

▷▷ 成分當中含有柴胡這種生藥的漢方藥，就稱為柴胡劑，而我們就是最具代表性的一種唷。

我們是針對長期症狀的萬能藥唷！

▷▷ 我們啊，除了食慾不振或燒心以外，對於慢性腸胃炎和慢性肝炎這類長期症狀都有效喔。

▷▷ 如果有拖很久的感冒或氣喘、孩童便秘等情況，我們也都能大為活躍唷。

適合使用者

 中間型

 孩童

包含生藥項目

柴胡／半夏／黃芩／大棗／人參／甘草／生薑

有效之主要症狀

食慾不振；燒心；慢性腸胃炎；慢性肝炎；拖非常久的感冒、咳嗽；倦怠；氣喘；孩童便秘

成分當中包含柴胡這種生藥的漢方藥，都被稱為柴胡劑。這類藥劑的特徵是對於那些症狀拖了非常久的情況很有效，能治療頑固感冒的柴胡桂枝湯君（→22頁）也是柴胡劑唷。而說到最具代表性的柴胡劑，那就是我們小柴胡湯囉。

我們成分當中包含的生藥，能夠幫助腸胃工作，所以對於食慾不振或者燒心等很有效。另外，對於慢性腸胃炎和慢性肝炎等引發的肝臟功能障礙，也都能夠發揮相當大的力量。順帶一提所謂「慢性」就是指拖了非常久的意思唷。

不過呢，使用我們治療慢性肝炎的時候，似乎偶爾會引發間質性肺病這種疾病。所以囉，要不要使用我們，還是要好好的和醫師商量過唷。

其他還有哪些效能？

除了腸胃不適和慢性肝炎以外，我們能夠改善的症狀真的非常多。雖然名字裡面有個「小」字，但我們能夠活躍的範圍可是十分寬廣的！請不要只看名字，就覺得我們的力量才那麼點大唷！

舉例來說，我們對於感冒也有效。尤其是那些拖了很久的感冒，效果特別好呢。還有，如果一直咳嗽停不下來、又或者是身體感到非常倦怠的時候，也都適合用我們唷。還有啊，我們也能夠減少氣喘發作的頻率呢。我想大家也注意到了，我們可以說就是那些長期症狀的萬能藥呢！

對了對了，最後還有一件事情要告訴你們。我們還具有能夠治療孩童便秘的功效唷。

我們的夥伴！

茵陳蒿湯君

茵陳蒿湯君和我們一樣，對肝炎有效。尤其是針對皮膚顏色已經變成有些偏黃的黃疸，特別具有功效。對於緩和已經開始硬化的肝臟，也就是肝硬化的症狀也還挺有效的唷。除此之外，也能讓蕁麻疹或者口腔炎等症狀有所改善。

肝炎可以搭配小柴胡湯與補中益氣湯（→38頁）使用，效果會更好呢。

小建中湯 超人

如果想要變強，
那就呼喚我吧！

▶▶ 我的名字當中的「建」字，意
思就是把虛弱的身體的重新建
造成強悍身體的意思喔。

身體虛弱
孩童的強而
有力夥伴！

▶▶ 尤其是要幫身體虛
弱的孩童改善體
質，那麼我就能幫
上非常大的忙唷。

▶▶ 我對於各種疾病都能
產生功效，為了孩童
的健康，如果家裡經
常都放著我，會比較
安心呢。

適合使用者	包含生藥項目	有效之主要症狀
 纖瘦型　身體虛弱 　　　　的孩童	芍藥／桂皮（桂枝）／大棗／ 甘草／生薑／膠飴	孩童虛弱；腸胃虛弱；胃痛；燒心； 倦怠；貧血；氣鬱；煩躁煩悶；尿 床；畏寒；多汗症；頻尿

是什麼樣的漢方藥？

我啊，是在桂枝加芍藥湯姐姐（→30頁）當中，添加了名為膠飴的生藥，所製作成的漢方藥。膠飴就是指一種糖類，所以添加了膠飴的我也是甜甜的唷。大家有沒有覺得很驚訝？

桂枝加芍藥湯姐姐啊，是適合身體虛弱者的漢方藥，而我則適合更加虛弱的人唷，特別是那些身體非常虛弱的孩童。我的名字當中有

（→30頁）

「建」這個字，意思就是把虛弱的身體的重新建造成強悍身體的意思喔。也就是說，我可是身體虛弱孩童的強而有力夥伴呢。你的腸胃會不會也很虛弱？如果會的話，那麼就儘管依賴我吧。這是因為，包含腸胃虛弱在內，我也能夠治療胃痛、燒心等症狀唷。

小建中湯是身體虛弱孩童的英雄呢。

其他還有哪些效能？

我聽說最近的孩子們，經常都是身體和心靈都很疲憊的狀態，而我能夠幫大家的忙唷。除了針對孩童的腸胃虛弱以外，我對於身體倦怠、心靈虛弱、甚至煩躁煩悶等等，也都能產生效果呢。

我也還有其他力量唷。各位說不定會尿床？

如果會的話，偷偷告訴我就好。我一定能幫忙你改過來的。還有啊，如果身體覺得寒冷、又或者是一直流汗，又或者是尿尿的次數太多，如果小孩子有這樣的情況，我都能幫上忙唷。

為了讓你能夠安心，最好家裡能夠常常放著我唷。

我的夥伴！

大建中湯超人
大建中湯超人和我一樣，成分當中包含膠飴唷。他適合沒有什麼體力的人，如果覺得肚子痛、又或者是覺得吃的東西都卡在肚子裡動彈不得的時候，就快去尋求大建中湯超人的協助吧。還有，如果是覺得肚子裡都是氣體、非常脹的話，他也很有效唷。

大建中湯可以減少放屁的量呢！

能夠緩和疼痛的漢方藥

八味地黃丸少爺

芍藥甘草湯君

　　聽到「疼痛」的時候，大家會想像到什麼樣的疼痛呢？疼痛可是各式各樣，會發生在不同的地方、原因也不同呢。有時候是關節和肌肉的疼痛，又或者是頭部或肚子疼痛。小腿肌肉痙攣，也就是腳抽筋的時候，也會痛到忍不住哀嚎對吧。還有身體不小心猛然撞到、造成瘀青的疼痛；又或者是扭到腳踝的挫傷疼痛。另外還有身體冰冷也會感到疼痛唷。能夠緩和如此多種類疼痛的，就是在這個章節上場的我們囉。

　　桂枝加朮附湯對於身體虛弱者的關節疼痛非常有效。溫熱身體之後，就能夠緩和疼痛了。芍藥甘草湯是小腿肌肉痙攣的特效藥。它能夠鎮定肌肉痙攣的症狀。桂枝茯苓丸可以讓身體當中堆積

桂枝茯苓丸 阿嬤

桂枝加朮附湯 君

五苓散 小弟

在一起的血液變得更加流通，所以具有能夠緩和瘀青或者挫傷的功效。除了一般的頭痛以外，如果是那種好像有人咻咻鞭打的偏頭痛或者肚子痛，通常很有可能是因為身體當中的水分極端地不平衡所造成的，能夠改善這點的就是五苓散喔。八味地黃丸則適合用來治療老人家由於畏寒造成的疼痛或腰痛。

　　身體如果有哪裡感到疼痛，心情也會十分低落對吧。所以這種時候，就可以靠我們囉。一定能夠緩和你身上的疼痛的。

桂枝加朮附湯 君

→23頁

幫助身體虛弱者解除關節疼痛！

> 會像溫泉一樣溫熱身體，緩和大家的疼痛唷！

▶▶ 我的名字啊，就表示我是桂枝湯先生（→23頁）加上蒼朮和附子的意思唷。

▶▶ 我的魅力就在於溫柔呢。我能夠緩和那些沒什麼體力的人、或者腸胃虛弱的人關節疼痛的症狀唷。

▶▶ 雖然我經常被使用來治療關節疼痛，但是也對麻痺或者頸部挫傷有效唷。

適合使用者

纖瘦型

包含生藥項目

桂皮（桂枝）／芍藥／蒼朮／大棗／甘草／生薑／附子

有效之主要症狀

關節痛；肌肉疼痛；骨骼疼痛；神經痛；麻痺；頸部挫傷

我啊，是在桂枝湯先生當中，添加了蒼朮和附子這兩種生藥，所以才會有桂枝加朮附湯這個名字唷。

我呢，具有溫熱身體以緩和疼痛的功效唷。用來止痛非常有效的生藥其實是麻黃，但若是添加了麻黃，對於身體虛弱的人來說，效果實在太強烈了。所以囉，身體虛弱的人，使用沒有添加麻黃的我來止痛，是再適合不過的了。

大家周遭有沒有人苦於關節疼痛呢？如果有人非常煩惱自己關節疼痛的話，就向他建議用我吧。我會讓人就像泡了溫泉一樣，溫柔的幫身體保溫來緩和疼痛的。

桂枝加朮附湯由於不含麻黃，因此要產生效果會需要一點時間。

其他還有哪些效能？

除了關節疼痛以外，我對於肌肉、骨骼疼痛，或者是神經痛都有效唷。對了，還對麻痺有效！其實呢，麻痺這種症狀的原因是非常難以判別的，經常連醫師都感到非常困擾呢。麻痺真的是非常麻煩的情形。但如果遇上了，我想我是能幫上忙的唷。

除此之外，如果因為交通意外等遭受強烈衝擊，結果導致頸部挫傷的話，我也能夠減輕症狀呢。如果請葛根湯君（→ 14 頁）幫忙我，那麼效果會更好。當然囉，必須要先接受專業的醫師治療才行喔。

我的成分當中包含了附子這種生藥，有時候不太適合小孩子用，這點請大家要記得唷。

我的夥伴！

越婢加朮湯君
越婢加朮湯君的藥方當中包含麻黃，是非常具代表性的漢方劑止痛藥唷。因為效果非常地強，所以跟我不太一樣，他適合腸胃很強、也有足夠體力的人呢。如果是帶微熱的關節疼痛，他會像是冰涼貼布那樣為關節止痛，而且他也對花粉症有效喔。

成分當中含有麻黃的漢方藥，在運動比賽的藥物檢查當中，有時候會造成違規呢。

芍藥甘草湯 君

> 如果腳抽筋的話，我們就會去幫助你唷。

治療小腿肌肉痙攣！

▶▶ 我們只用芍藥和甘草做成，名字也就是這兩樣生藥唷。

▶▶ 據說是對於小腿肌肉痙攣最有效的漢方藥呢。

▶▶ 除了疼痛以外，我們也對小兒夜哭、打嗝、腹瀉等等都有效唷。

適合使用者	包含生藥項目	有效之主要症狀
 中間型	芍藥／甘草	小腿肌肉痙攣；尿路結石造成之疼痛；胃痛；腰痛；生理痛；夜哭；打嗝；腹瀉

是什麼樣的漢方藥？

我們是只使用了芍藥和甘草兩種生藥製作成的漢方藥唷。這兩種生藥都具有鎮靜肌肉痙攣、緩和疼痛的功效。

提到肌肉痙攣，當然就是小腿肌肉痙攣了。也就是所謂的「腳抽筋」的症狀唷。如果發生小腿肌肉痙攣的話，會痛到不行、甚至發出慘叫對吧。這種時候，還請務必使用我們唷。小

腿肌肉痙攣抽筋的原因雖然各式各樣，但我們不管對哪種原因造成的肌肉痙攣都有效唷。而且是馬上就會產生效果，這可是我們非常自豪的呢！但是如果長期服用的話，就會沒有效果了，所以只能在有必要的時候用我們唷。

種類較少的生藥製作成的漢方藥很快就會生效，但如果持續使用就會失去效果呢。

其他還有哪些效能？

除了腳以外，如果想要緩和內臟肌肉痙攣造成的疼痛，也可以交給我們唷。舉例來說，用來運送尿液的尿路裡面長了石頭，也就是發生尿路結石這種疾病的疼痛，我也能夠讓它變得比較和緩唷。另外，我也對胃痛、腰痛、生理痛等等有效。

除此之外，還有小兒夜哭。小嬰兒真的是非

常可愛，但有時候半夜哭了起來，會讓媽媽覺得非常困擾呢。我們對於夜哭這種情況，也能夠發揮力量呢。另外，也許大家會覺得有點意外，不過我們也能夠停止打嗝和腹瀉唷。

不過呢，如果長時間持續使用我們，不僅僅會失去原本的效用，還可能會造成血壓上升、腳發生水腫等等，希望大家多多注意唷。

我們的夥伴！

疏經活血湯先生

這是由17種生藥做成的止痛漢方藥唷。和只有2種的我們相比，他的成分種類真是多到令人驚訝呢。疏經活血湯先生特別能夠緩和腰和腳、以及膝蓋的疼痛唷。如果閃到腰的時候，和我們一起使用，效果會非常好。

使用了許多種生藥做成的漢方藥，會慢慢地產生效用，所以可以持續使用唷。

桂枝茯苓丸 阿姨

> 我可是作為女性好夥伴，也非常受歡迎的漢方藥唷！

那就交給我吧！如果有碰撞或者扭傷的疼痛，

▶▶ 我呀，是因為成分當中包含桂皮（桂枝）和茯苓兩種生藥，所以才取了這個名字唷。

▶▶ 我能夠治好瘀血，也就是血液堆積在一起的狀況，緩和碰撞傷或扭傷的疼痛唷。

▶▶ 對於月經不順等女性特有的疾病，我也能夠發揮力量呢。

適合使用者

 結實型　 女性

包含生藥項目

桂皮（桂枝）／芍藥／桃仁／茯苓／牡丹皮

有效之主要症狀

碰撞傷；扭傷；月經不順；乳腺炎；更年期障礙造成之潮熱；頭痛；肩頸僵硬；暈眩；麻痺；頸部挫傷；痔瘡

你們呀，知道這件事情嗎？以前的人認為身體當中的血液變老舊之後，會堆積在某處，結果就會造成疾病唷。所以啦，身體裡有血液堆積的情況，就被稱呼為瘀血。我呢，就是在治療瘀血這方面特別有名的漢方藥唷。

我呢，包含了以桂皮（桂枝）和茯苓這類，能讓血液循環變好的生藥；以及緩和疼痛的生藥這兩種。所以啊，可以緩和碰撞傷和扭傷的疼痛唷。不管是對於哪種碰撞傷或者扭傷都有效，所以我是頗受歡迎的漢方藥唷。你覺得很驚訝嗎？我雖然是這副樣子，可不是個普通的歐巴桑唷。

> 從前從前，在戰場上受了碰撞傷的士兵們，也會服用桂枝茯苓丸唷。

其他還有哪些效能？

我呀，因為可以治療瘀血，所以也被認為是女性們的強而有力夥伴，受到大家信賴唷。要問為什麼，當然是因為女性特有的不適症狀當中，有許多都和血液有關嘛。舉例來說，會造成生理期周期不穩定的月經不順這類問題，我也能夠發揮力量唷。

提到女性特有的，舉例來說還有胸部會發生的乳腺炎，我也有效呢。還有，女性在50歲前後荷爾蒙會失去平衡，也就是有更年期障礙的時候，會有各種症狀，我可以改善當中的潮熱唷。

我呢，除了女性特有的症狀以外，對於頭痛、肩頸僵硬、暈眩、麻痺、頸部挫傷、痔瘡等等也都有效呢。也就是說，我可是漢方藥界的超級阿姨呢！

我想知道！漢方藥

婦科3大漢方藥

我啊，雖然是因為能夠改善瘀血狀況，所以作為治療女性特有症狀的漢方藥，不過當歸芍藥散大姐（→58頁）和加味逍遙散姐姐（→59頁）也都具有同樣的效果唷。所以囉，也有人把我們稱為「婦科3大漢方藥」呢。但是，瘀血這種症狀，並不是只有女性才會有，這是男性也會出現的症狀，所以我當然也能夠幫助男性唷。

五苓散 小弟

對頭痛、肚子痛、偏頭痛有效！

▶▶ 我們名字當中有個「五」，因此我們是由五種生藥構成的唷。

對於孩童的症狀，效果特別明顯唷。

▶▶ 我們可以讓身體當中的水分取得平衡，緩和頭痛、肚子痛以及偏頭痛喔。

▶▶ 除此之外，還有夏季倦怠和宿醉等等，活動範圍非常廣泛唷。如果搭乘交通工具而感到暈眩等等、或者在小孩子有各種症狀的時候，我們都能發揮力量唷。

適合使用者

 中間型　 孩童

包含生藥項目

澤瀉／蒼朮／豬苓／茯苓／桂皮（桂枝）

有效之主要症狀

頭痛；腹痛；偏頭痛；口舌乾燥；尿量減少；夏季倦怠；嘔吐；腹瀉；宿醉；顏面神經痛；帶狀皰疹；搭乘交通工具引發之暈眩；暈眩；胃炎；水腫；麻痺

是什麼樣的漢方藥?

　　人的身體當中大約有6成都是水分。孩童甚至高達7成是水分。大家會不會覺得很意外,竟然這麼多?從前的人啊,認為身體當中的水分如果不平衡的話,就會生病,並且把這種狀態叫做水毒。我們的功效,就是治療水毒唷。結合5種生藥的力量,讓身體當中的水分循環變好,將多餘的水分以尿液的形式排到身體外。

　　從前的人呀,覺得頭痛和肚子痛之類的也都是水毒造成的,不過其實我真的對頭痛、肚子痛有效唷。我很厲害吧!還有啊,我也能緩和那種一直抽痛的偏頭痛呢。

身體當中水分比例比較高的孩童,特別適合使用五苓散呢!

其他還有哪些效能?

　　喉嚨乾渴或者尿量減少等等,還有夏季倦怠、嘔吐、腹瀉……這些症狀總覺得好像和水分都有關係對吧?我們呢,對於這些症狀都有效果唷。如果爸爸因為喝了太多酒,結果宿醉的話,我們也能幫上忙呢。

　　還有,也許大家會覺得有點意外,其實我們在臉部的神經疼痛、神經問題造成發病的帶狀皰疹這些疾病上,也能發揮力量喔。

　　我們啊,對於孩童的各種身體不舒服症狀可是很有自信的。舉例來說呢,除了頭痛以外,還有搭乘交通工具產生的暈眩、胃炎、水腫、麻痺等等症狀,也都有效喔。所以啦,如果家裡備著我們當小孩子的用藥,媽媽應該也會很安心吧。

我們的夥伴!

吳茱萸湯 小妹
吳茱萸湯小妹是對於偏頭痛特別有效的漢方藥喔。除了偏頭痛以外,她也對於手腳冰冷、或者很強烈的腹痛有效。適合體力不是很好的人唷。順帶一提,她的成分當中包含的生藥有一種叫做吳茱萸的,是從蜜柑的夥伴,一種叫做吳茱萸的植物果實做成的唷。

吳茱萸湯對打嗝也有效唷!

八味地黃丸 少爺

> 我可以療癒老爺爺、老奶奶唷。

▷▷ 我的成分有8種生藥，當中最多的就是我名字裡面也有的地黃唷。

能夠緩和老人家的疼痛！

▷▷ 年紀漸長會出現很多身體不適的情況，要改善的話就交給我吧！我也能夠緩和腰痛等疼痛唷。

▷▷ 除了疼痛以外，老人家的各種煩惱，我應該都能幫上忙喔。

適合使用者

纖瘦型　年長者

包含生藥項目

地黃／山茱萸／山藥／
澤瀉／茯苓／牡丹皮／
桂皮（桂枝）／附子

有效之主要症狀

老人家的身體不適（腰痛、神經痛、頻尿、糖尿病造成之麻痺、高血壓、手腳燥熱）；尿床

是什麼樣的漢方藥？

我的成分含有8種生藥，當中最多的就是地黃了。我的名字八味地黃丸，就是這樣取的喔。地黃是使用一種開著筒狀紅色花朵、名為懷慶地黃的植物根部做成的。是一種可以幫忙身體製作血液，也具有能夠為體質虛弱的人補充活力功效的生藥唷。

人隨著年齡的增長，身體很容易會有各式各樣的不舒服症狀。似乎非常辛苦呢⋯⋯。但這就交給我吧！我啊，具有能夠讓老人家身體不適症狀得以改善的功效唷。舉例來說，畏寒造成的疼痛之類的。特別是腰痛的人，經常都會使用我呢。除此之外，我也能幫神經痛的人的忙唷。

其他還有哪些效能？

除了疼痛以外，我也對年紀增長產生的各種症狀有效唷。舉例來說，尿尿的次數增加了、或者不知為何尿不出來等等，這種問題我也都能幫忙解決唷。另外啊，還有生活習慣疾病的一種，也就是糖尿病，造成麻痺的時候我也有效用，還有高血壓也是。手腳燥熱我也有效呢。

在老爺爺和老奶奶的眼裡，我的外表應該像是他們的小孫子吧，不過我可以用這份力量療癒老人家唷。

這麼說來，其實我也有適合小孩子的效用呢。就是尿床啦。如果尿床很多次的話，那就來找我幫忙吧。我也能夠幫忙那些苦於尿床的小朋友唷。

我的夥伴！

當歸四逆加吳茱萸生薑湯君

他的名字真的很長對吧?!連身為夥伴的我都常常念到咬到舌頭。畏寒會產生許多症狀，不過當歸四逆加吳茱萸生薑湯君對於那些苦於凍瘡的人、或者手腳冰冷到走路都會疼痛的人特別有效唷。

當歸四逆加吳茱萸生薑湯的「四」是指手腳的意思唷。

對於各種纖細煩惱有所幫助的漢方藥

苓桂朮甘湯先生

十全大補湯先生

豬苓湯君

防風通聖散狸

　漢方藥的種類十分繁多，能在許多不同場面中大為活躍。當中包含了女性特有的症狀；或者與心靈相關的症狀；甚至會有些是很難開口跟其他人商量、非常纖細的煩惱。我們哪，就是能在這些方面幫上忙的漢方藥唷。

　當歸芍藥散是能夠對於女性特有的身體不適發揮力量的漢方藥喔。除了生理期的周期不穩定造成月經不順的問題以外，如果有因懷孕或生產而引發的身體不適，也都有效果唷。而如果有人覺得自己最近似乎胖了點，那還請務必將目光放在防風通聖散上。它能夠幫忙減肥唷。最適合用來

黃連解毒湯君

當歸芍藥散大姐

半夏厚朴湯小弟

柴胡加龍骨牡蠣湯君

鉤藤散奶奶

抑肝散爺爺

改善膀胱炎的豬苓湯，應該也能解決很多尿尿相關的問題唷。黃連解毒湯是對於高血壓引發的煩躁感或潮熱、鼻血等症狀有效的漢方藥。如果沒有活力也沒有體力的人，那就建議你使用十全大補湯了。我想你的心靈和活力一定都能夠恢復的。抑肝散能夠穩定心神，鎮靜怒氣或煩躁感；半夏厚朴湯能讓精神清爽、喉嚨清新喔。苓桂朮甘湯治療暈眩或者姿勢性低血壓；鉤藤散能夠幫忙解除老人家的暈眩、頭痛還有肩頸僵硬唷。柴胡加龍骨牡蠣湯對於失眠或者做惡夢非常有效呢。

我們漢方藥活躍的範圍真的是非常寬廣，大家都明白了嗎？

當歸芍藥散 大姐

生理期或懷孕、生產相關的症狀，都交給我！

▶▶ 我啊，成分當中包含了能讓血液流暢的當歸和芍藥等，是非常適合女性的漢方藥喔。

各位女性！如果有身體不適的煩惱，那麼就試試我吧！

▶▶ 與女性相關的生理期、懷孕、生產等相關的煩惱，我都能解決唷。

▶▶ 還有更年期障礙所造成的各種症狀，我應該也能幫上忙喔。

適合使用者

 纖瘦型　 女性

包含生藥項目

芍藥／蒼朮／澤瀉／茯苓／川芎／當歸

有效之主要症狀

生理期、懷孕或生產相關症狀（月經不順、不孕、習慣性流產、頭痛、暈眩、畏寒、水腫、貧血等等）；更年期障礙造成之症狀

是什麼樣的漢方藥？

我和桂枝茯苓丸阿姨（→50頁）一樣，是針對瘀血——也就是老舊血液堆積在身體裡的狀態，進行改善的漢方藥唷。

我的名字裡有當歸和芍藥這兩種生藥，都具有能夠改善血液流動狀態的功效唷。桂枝茯苓丸阿姨適合的是身體較為結實的女性，但我比較適合和我一樣、身材較為纖瘦的女性唷。

我對於女性特有的生理期、懷孕、生產等相關的症狀都有效呢。舉例來說，如果生理期的周期不太穩定，導致月經不順、不容易懷寶寶的不孕症、反覆發生流產的習慣性流產等等，都是我的工作範圍唷。除此之外，頭痛、暈眩、畏寒、水腫、貧血、乳腺炎、耳鳴、肩頸僵硬、心悸、腰痛、腸胃虛弱、倦怠等等，這許多的症狀，我都能產生效用喔。

其他還有哪些效能？

生理期、懷孕以及生產會引發的症狀，真的是數也數不完，有好多好多對吧？有時候可能會覺得，這種事情不太好開口找人商量，為了能夠幫這些女性稍微減緩症狀，我可是很努力的唷。

除此之外，我對於50歲上下的女性非常容易發生的更年期障礙，也能大大活躍呢。所謂更年期障礙，有燥熱、發汗、暈眩、手腳冰冷等身體上的症狀，還有煩躁感、易怒、感到不安、沒有活力等等精神方面問題，身心兩方面都會引發症狀。女性除了心靈以外，身體也是非常纖細的，希望男性們也能明白這點唷。

我的夥伴！

加味逍遙散 大姐頭
加味逍遙散大姐頭和我一樣，是非常適合女性的漢方藥唷。月經不順或者更年期障礙導致容易疲勞、頭痛、暈眩、肩頸僵硬、失眠、精神不安等等，她都有效唷。雖然說我們是「給女性的漢方藥」，不過我和加味逍遙散大姐，男性也都能使用唷！

> 當歸芍藥散和加味逍遙散，都是女性的強而有力幫手，不過她們也是會幫助男性的唷！

防風通聖散 狸

幫忙大家減肥！

> 我只會幫忙那些能夠好好減肥的人唷。

▶▶ 人家的成分包含了18種的生藥唷。名字當中的「通聖」是指聖人，這表示人家是非常尊貴的漢方藥唷。

▶▶ 人家對於肥胖能夠產生效用呢。不過啊，最重要的前提就是得要在飲食和運動都很努力才行喔。

▶▶ 高血壓會引發的各式各樣症狀、水腫、便秘等等的煩惱，我也都能幫上忙唷。

適合使用者	包含生藥項目	有效之主要症狀
 結實型	黃芩／甘草／桔梗／石膏／白朮／ 大黃／荊芥／山梔子／芍藥／ 川芎／當歸／薄荷／防風／麻黃／ 連翹／生薑／滑石／芒硝	肥胖；高血壓引發之心悸、肩頸僵硬、潮熱；水腫；便秘

是什麼樣的漢方藥？

人家的成分可是含有多達了18種的生藥唷。是不是數量多到讓你嚇一跳啊？人家的名字裡面那個「防風」，就是當中的一種生藥唷。還有，「通聖」是指聖人的意思。也就是說，人家是一種被認為就像是聖人一樣尊貴的漢方藥唷。

人家最受到矚目的，就是能在肥胖方面發揮效用。但是，不能覺得吃了我就可以瘦下來唷。人家啊，才不是那麼隨心所欲的漢方藥呢。要好好的做飲食控制、還有進行適合自己的運動，這些可是大前提呢。

防風通聖散含有非常多種類的生藥，會互相協助、達成效用喔。

其他還有哪些效能？

你的爸爸，噢，說不定媽媽也……是否像我一樣有個大大的肚子呢？這在日文裡面叫做太鼓腹，意思就是肚子大大的凸出來，就像個太鼓一樣喔。人家啊，對於這種肚子很大的人的高血壓會引發的各種症狀有效唷。舉例來說，心悸、肩頸僵硬、潮熱等等症狀。除此之外，身體如果有水腫、或者是苦於便秘的人，我應該都能幫上忙唷。

不過啊，畢竟我也是解除便秘的藥物，所以如果腸胃虛弱的人用我的話，有時候會腹瀉呢。這點還請大家留心。

除此之外，如果持續用我的話，有可能會引發肝臟功能的問題，這一定要多加注意喔。

在下的夥伴！

防巳黃耆湯阿姨(左) **大柴胡湯**大叔(右)

防巳黃耆湯阿姨是和在下一樣，對於肥胖有效果的漢方藥唷。但是，她和我不一樣，是比較適合沒什麼體力、比較虛胖的人。大柴胡湯大叔呀，則是適合體力非常好的人呢。不管是作嘔欲吐感、食慾不振、高血壓、暈眩、肩頸僵硬、活力衰退、精神不安、手腳冰冷等等，這些症狀他都能大大活躍呢。而且他也能對肥胖產生效用，是人家的夥伴唷。

豬苓湯 君

如果有尿尿相關的煩惱，就交給我們吧！

如果在尿尿方面有困擾的事情，就不要再害羞了，快告訴我們吧！

▷▷ 我們的名字由來是豬苓這種生藥，它是從菇類的夥伴製作出來的唷。

▷▷ 如果有膀胱炎所引發的症狀，我們就能夠大為活躍唷。

▷▷ 除了膀胱炎以外，我們對於尿管結石等等和尿尿有關的器官症狀都有效喔。

適合使用者	包含生藥項目	有效之主要症狀
 中間型	澤瀉／豬苓／茯苓／ 阿膠／滑石	膀胱炎造成之頻尿、排尿疼痛、殘尿感；血尿、尿管結石造成的疼痛

是什麼樣的漢方藥？

我們的名字豬苓湯，聽起來很可愛對吧？所謂豬苓是生藥的名稱，它是由一種叫做豬苓的植物作成的，是香菇的同伴唷。豬苓具有能夠將身體當中多餘的水分，盡量以尿液的形式排出的功效。

你的周遭是不是也有那種，常常會跑去尿尿、或者是尿尿的時候會覺得疼痛的人？還有的人是尿完之後仍然覺得沒尿乾淨；又或者是尿液當中混有血液？這些人可能都有膀胱炎唷。所謂膀胱炎，就是儲存尿液的器官「膀胱」發炎的疾病。我們就具有能夠讓膀胱炎轉好的力量。

> 如果一直忍著不去尿尿，就會造成膀胱炎喔！

其他還有哪些效能？

話說回來，大家知道尿液是從身體當中的哪裡製造出來的嗎？是在比腰部稍微高一點點的位置，叫做腎臟的器官喔。腎臟和膀胱之間有叫做尿管的管子相連，而這個管子裡面很可能會長出石頭來。這就是名為尿管結石的疾病。一旦發生尿管結石，經常都會有很強烈的疼痛。畢竟，身體裡面長了石頭嘛。光是用想像的就覺得很可怕吧。

不過遇到這種時候，希望大家可以同時試試芍藥甘草湯君（→48頁）和我們唷。如果覺得有效果、能夠緩和疼痛的話，那就繼續服用吧。我想這樣應該就比較不容易疼痛了。

我們的夥伴！

濟生腎氣丸少爺

這款藥方在日文當中叫做牛車腎氣丸，是在八味地黃丸少爺（→54頁）當中添加了牛膝和車錢子兩種生藥，就變成濟生腎氣丸少爺了。他和我一樣，對於膀胱炎引起的症狀能產生效果唷。另外，各種麻痺和神經痛，還有糖尿病造成的神經障礙，他也有效喔。

> 濟生腎氣丸對於老人家的麻痺、腰痛和膝蓋疼痛都有效呢。

黃連解毒湯 君

對於高血壓造成的身體不適有效！

我的力量能讓大家都冷卻下來的啦！

▶▶ 我的冷卻力量，對高血壓引發的症狀，包含潮熱、鼻血等等都有效的啦。

▶▶ 包含黃連在內，我的成分當中的生藥，全部都具有能夠將身體的燥熱冷卻下來的功效啦。

▶▶ 我也非常擅長讓人心情穩定下來，所以在精神不安或者失眠等等方面，也都能發揮力量的啦。

適合使用者

結實型　男性

包含生藥項目

黃芩／黃連／山梔子／黃柏

有效之主要症狀

高血壓引發之各種症狀；潮熱；鼻血；濕疹、異位性皮膚炎等造成之搔癢感；口腔炎；氣鬱造成之精神不安、失眠；宿醉

是什麼樣的漢方藥？

我的名字裡面有個「解毒」，意思就是我能夠把身體當中的毒性去除掉的意思。畢竟從名字就能知道我的功效，所以我可以非常自豪這個名字的呢！我包含了4種生藥，以黃連為始，全部都有冷卻的功效唷。

我就是靠這個冷卻的功效，來面對高血壓引發的各種症狀的啦。如果罹患高血壓，那麼臉就會紅紅的、也會覺得很熱、還會很煩躁等等，這些症狀我都可以緩和的啦。除此之外，還有潮熱或者鼻血等等的，都是給人涼感的我非常擅長應付的症狀啦。尤其是男性有潮熱的狀況，我可是特別有效的呢。

> 高血壓除了使用漢方藥以外，要去跟醫生拿降血壓用的西藥來使用喵。

其他還有哪些效能？

我非常擅長用冰涼感來冷卻身體，所以也能夠緩和濕疹或者異味性皮膚炎等造成的搔癢感、也能對口腔炎產生效用喔。

除此之外，在讓人心情穩定這方面，也能大為活躍呢。舉例來說，如果覺得心情煩躁、或者非常消沉、精神不穩定的人；又或者晚上睡不好而非常困擾的人，就來找我幫忙吧。

還有啊，我要給喜歡喝酒的老爸們一點忠告！因為宿醉而感到痛苦的樣子，可是一點都不酷喔！所以喝酒之前建議可以先使用我啦。問我為什麼？當然是因為我有預防宿醉的力量囉。

我的夥伴！

核桃承氣湯 小妹

核桃承氣湯小妹這款漢方藥，適合頗具體力的女性。若是血液在身體某處發生瘀血狀態、不太流動時，她可以幫忙進行改善，藉此能讓心情開朗，因此非常有名。不安、失眠、月經不順等等她都有效，不過其實她和我一樣，對於高血壓造成的頭痛或暈眩，也頗具改善的功效唷。

> 核桃承氣湯也對於高血壓引發的症狀有效呢！

十全大補湯 先生

讓我幫你恢復
活力和體力！

我可是和補中益
氣湯大哥(→ 38
頁)並列為參耆劑
的代表喔！

▷▷ 我的名字就是大大補充
活力的意思唷。

▷▷ 罹患重大疾病而住院的
時候，就請呼喚我吧。
為了幫你恢復活力與體
力，我一定會好好加油
的啦。

▷▷ 如果體力已經虛弱到
只靠意志也撐不下
去，就讓我給你活
力。

適合使用者	包含生藥項目	有效之主要症狀
纖瘦型	黃耆／桂皮（桂枝）／地黃／芍藥／川芎／蒼朮／當歸／人參／茯苓／甘草	疲勞；倦怠；手腳冰冷；疾病後、手術後體力及活力低落；貧血

是什麼樣的漢方藥？

我的名字十全大補湯，是不是聽起來很厲害呀？常有人跟我說，光是聽到我的名字，就覺得活力十足了呢。所謂「十全」是指我的成分當中包含的10種生藥，就保全了所有的功效的意思喔。這10種生藥能夠給人體力及活力、改善血液循環等等，功效非常地多呢。還有啊，這些功效能夠大大補充活力，所以我的名字就叫做十全大補湯囉。

真的非常疲勞的時候，就算是想打起精神、也無法好好振作，這種時候就使用我吧。我想你一定能夠恢復體力和活力，重新面對生活、能夠好好工作和念書的喔。

只用意志力也無法恢復的時候，就用十全大補湯！

其他還有哪些效能？

如果罹患了很嚴重的疾病而住院的時候，我想應該任何人都會失去體力和活力、非常消沉的吧。舉例來說，如果罹患了癌症，接受化學治療和放射線治療的人，除了沒有體力以外，也很容易一點活力都沒有，真的很糟糕。而且如果癌症繼續惡化，也很容易貧血。我啊，希望多多少少能幫上他們一點忙。

當然啦，我本身是沒有治療癌症的能力的，只是可以減輕化學治療及放射線治療的負擔；還有改善貧血等等，能在這些方面幫助大家。

癌症在預防方面是非常重要的。但是，如果真的罹患癌症，那麼我一定能成為助力！

我的夥伴！

四物湯 小弟

四物湯小弟是由地黃、芍藥、川芎、當歸4種生藥製作成的漢方藥喔。包含我在內，有很多漢方藥是由四物湯小弟添加其他的生藥製作而成的。四物湯小弟能夠改善血液不足的狀態，所以是治療貧血很有名的漢方藥喔。

不管是十全大補湯還是四物湯，如果有營養不良的狀態，都會使用他們喔。

抑肝散 爺爺

> 老頭子我啊，可以讓大家心平氣和唷。

我能鎮靜怒氣或者煩躁感！

▷▷ 老頭子我的名字「抑肝」，是指壓抑高漲的情緒，讓精神能夠沉穩的意思唷。

▷▷ 老頭子我能讓精神穩定，緩和大家的怒氣或煩躁唷。

▷▷ 我對於失眠、更年期障礙的症狀、小兒夜哭也都有效果呢。還有啊，如果是有認知障礙的人因為憤怒而變得非常有攻擊性，那麼我也有抑制的功效呢。

適合使用者

纖瘦型

包含生藥項目

蒼朮／茯苓／川芎／鉤藤／當歸／柴胡／甘草

有效之主要症狀

憤怒、煩躁；失眠；更年期障礙引發之症狀；夜哭；認知障礙引發之症狀

是什麼樣的漢方藥？

老頭子我的名字，可是充分表現出我的力量唷。所謂「抑肝」就是「抑制肝火」的意思。那麼「肝」又是什麼呢？漢方當中所謂的「肝」，除了原本肝臟的功能以外，也包含了控制憤怒情感的功效。也就是說，「抑制肝火」就是「抑制怒氣」的意思哪。事實上呢，抑制高揚的情感、讓精神能夠穩定下來，就是我的功效唷。

在你的周遭，有沒有一些很容易煩煩躁躁的人呢。如果有這種人的話，就試著向他建議用我吧。我一定能夠讓他的精神穩定、鎮靜他的憤怒及煩躁唷。

其他還有哪些效能？

老頭子我的力量並不是只有鎮靜煩躁感喔。由於能夠讓精神穩定，因此由於情緒過於高昂而不好睡著的人、又或者是睡到一半醒來之後就無法再入睡的人，我也能讓他們心情穩定、變得比較好睡唷。另外，我也能夠改善更年期障礙的症狀呢。

還有啊，我對小兒夜哭也有效呢，如果有這種情況，媽媽也可以一起使用我唷。問我為什麼嗎？因為啊，其實媽媽的煩躁有時候會傳達給小嬰兒，而可能就讓他半夜哭泣唷。

除此之外，我因為也對認知障礙能產生效果而受到矚目。一旦有認知障礙，就很容易無法抑制怒氣、而對照護的人具有攻擊性，我就具有能夠鎮定他們怒氣的功效唷。

老頭子我的夥伴！

甘麥大棗湯小姐
甘麥大棗湯小姐是由大棗、甘草、小麥這3種生藥製作成的漢方藥唷。這三種生藥分別是由棗子果實、甘草、小麥這些食物製作而成的，很有趣吧。甘麥大棗湯小姐據說對於夜哭非常有效唷。

對於夜哭有效的漢方藥，除了抑肝散、甘麥大棗湯以外，還有芍藥甘草湯（→48頁）唷。

半夏厚朴湯 小弟

如果心靈蒙上陰影，就讓我為你展現彩虹！

讓心情愉悅、喉嚨清爽！

▷▷ 我的名字由來，就是半夏和厚朴這兩種生藥唷。

▷▷ 讓不安或者非常消沉的心情變得愉快開朗，還能消除喉嚨的不適感唷。

▷▷ 除此之外，由於心靈不穩定而引發的各種症狀，我也都能緩和呢。

適合使用者	包含生藥項目	有效之主要症狀
 中間型	半夏／茯苓／厚朴／ 紫蘇葉／生薑	精神性厭食症（精神不安引發喉嚨不適感）；心悸；暈眩；咳嗽；乾啞聲；失眠；神經性胃炎

是什麼樣的漢方藥？

我是半夏厚朴湯。這名字是從我成分當中的2種生藥取的唷。半夏是一種和芋頭很接近的植物，做成的生藥也叫做半夏，可以去痰、降低作嘔欲吐感。厚朴則是由一種叫做厚朴的樹木的樹皮製作而成，具有能夠讓心情開朗的功效。

如果覺得心情不爽快、非常消沉的時候，可能會造成喉嚨似乎被什麼東西抓住、不太舒服，就好像喉嚨變窄了、喘不過氣之類的，有些人會這樣喔。這種狀態就叫做精神性厭食症。我就能讓不安或者消沉的氣氛變得開朗，也能讓喉嚨變得非常清新喔！

心情不安也會影響到喉嚨呢。

其他還有哪些效能？

人一旦心情不穩定，身體也會出現各式各樣的不舒服呢。喉嚨的不適感是其中一種，其他的舉例來說，還有心臟怦怦亂跳的心悸、暈眩、咳嗽、聲音聽起來和平常不太一樣，非常沙啞；還有失眠等等，真的非常多。如果有這些症狀，去了醫院也還是找不到身體不適的原因，我想我一定能幫上忙的唷。

還有啊，精神的不穩定，也經常會影響到腸胃呢。舉例來說，精神性厭食症等等，就經常是由於精神不穩定引發的呢。這種時候我也會有效喔。

我讓人心情開朗的力量，可以改善許多症狀呢，大家都明白了嗎？

我的夥伴！

白虎加人參湯 大人

白虎加人參湯大人是含有石膏這種生藥製成的漢方藥中，最具代表性的一款藥方，而石膏具有冷卻熱度的功效。他具有能夠抑制喉嚨乾渴的功效。尤其是對糖尿病的人喉嚨乾渴有效唷。除此之外，也能在燥熱、排汗、發疹、異味性皮膚炎等方面發揮力量呢。

白虎加人參湯中的「白虎」，由來是中國神話裡面出現的四神當中的白虎耶！

苓桂朮甘湯 先生

緩和你的暈眩感！

▶▶ 我的名字啊，是從成分當中包含的4種生藥各取1個字喔。

我可不是兩眼昏花喔。

▶▶ 提到能夠對暈眩產生效用的漢方藥，馬上就會想到是我呢。

▶▶ 除了姿勢性低血壓、心悸、喘不過氣以外，我也對憤怒、煩躁、精神不安等有效唷。

適合使用者

纖瘦型

包含生藥項目

茯苓／桂皮（桂枝）／蒼朮／甘草

有效之主要症狀

暈眩；姿勢性低血壓；心悸；喘不過氣；潮熱；頭痛；偏頭痛；憤怒、煩躁；精神不安

是什麼樣的漢方藥？

大家看到我的名字苓桂朮甘湯，會不會覺得很難念呢？我的成分有4種生藥，這個名字就是從它們當中各取一個字來的唷。「苓桂朮甘」是不是念了就覺得頭暈啊?!如果你真的這樣想，那表示你運氣很好唷。其實我就是對暈眩非常有效的漢方藥呢。如果覺得有些暈眩，那麼就用我的力量來幫助你吧。

不過啊，如果是長時間持續暈眩的話，那麼基本上還是要先請醫生看過才行唷。因為暈眩很有可能是腦部腫瘤等嚴重疾病的訊號呢。

如果請醫生看過了以後，還是不知道暈眩的原因，那麼就試試看苓桂朮甘湯吧。

其他還有哪些效能？

我的成分當中包含了桂皮（桂枝）這種生藥，它具有能夠溫熱身體、緩和頭痛的功效。另外，甘草能夠讓許多不同的生藥的效用均衡。除了這兩種生藥以外，搭配上茯苓和蒼朮，總共4種生藥，除了暈眩以外，還能夠緩和許多症狀唷。

舉例來說，姿勢性低血壓、心悸、喘不過氣、燥熱、頭痛、偏頭痛等等。如果有人苦於這些症狀，那麼我也希望能用自己的力量幫助他們。

除此之外，如果因為感情高昂而容易生氣、或者覺得煩躁、又或者是精神不穩定而感到消沉，也請務必試試我喔。

不管是苓桂白朮湯或者半夏白朮天麻湯，都對於暈眩和姿勢性低血壓有效。不過半夏白朮天麻湯適合體力更差、身材更為纖細的人唷。

我的夥伴！

半夏白朮天麻湯君

有沒有人在學校開朝會的時候昏倒呢？半夏白朮天麻湯君就對這種姿勢性低血壓非常有效唷。當然也對暈眩有效呢。畢竟他也是添加了人參和黃耆的參耆劑，所以特徵就在於能夠讓疲倦之人恢復活力呢。

鈎藤散 奶奶

醫治老人家的暈眩！

> 我啊，可是非常清楚老人家身體不適的狀況呢。

▶▶ 我的名字啊，是用成分當中的生藥鈎藤取的唷。

▶▶ 我對於老人家的暈眩和頭痛等等都很有效唷。

適合使用者

中間型

年長者

包含生藥項目

石膏／鈎藤／陳皮／
麥門冬／半夏／茯苓／菊花／
人參／防風／甘草／生薑

有效之主要症狀

年長者暈眩、頭痛、肩頸僵硬、高血壓

 ## 是什麼樣的漢方藥？

我的成分當中有一種名為鈎藤的生藥，它有著像掛勾一樣的形狀呢。是很有趣的形狀對吧。它具有能讓心情沉穩、鎮定疼痛的效果唷。我添加了這種生藥，所以對於老人家長久以來的暈眩、頭痛或者肩頸僵硬等等都有效呢。

其他還有哪些效能？

除此之外，我對於剛步入老年的人，也就是初老期者的高血壓也很有效唷。尤其是早上容易高血壓的人，我絕對是你的好夥伴呢。畢竟我也是老人家，非常了解成為我夥伴的人的心情哪。

柴胡加龍骨牡蠣湯君

對失眠、惡夢都有效！

人家會吃掉大家的惡夢唷！

適合使用者

結實型

包含生藥項目

柴胡／半夏／桂皮（桂枝）／茯苓／黃芩／大棗／人參／牡蠣／龍骨／生薑

▶▶ 人家的名字裡面的龍骨，是一種用哺乳動物變成化石的骨骼做成的生藥唷。

▶▶ 人家對於失眠、惡夢等等，在精神不穩定時會引發的症狀都有效果唷。

有效之主要症狀

失眠；惡夢；暈眩；心悸；頭痛；圓形脫毛症；高血壓

 是什麼樣的漢方藥？

人家是添加了龍骨這種生藥的漢方藥，而所謂龍骨就是指大象或者鹿等等哺乳動物變成化石的骨骼。人家有能夠讓精神穩定的功效，所以情緒高昂而睡不著覺的人、或者睡著了也一直做惡夢的人，就呼喚我一聲吧。

其他還有哪些效能？

人家可以讓精神穩定，所以除了失眠和做惡夢以外，暈眩、心悸、頭痛、頭髮掉了一個十元硬幣大小的那種圓形脫毛症等等，這些症狀我都能緩和唷。還有如果因為壓力而血壓過高，我也會有效喔。

漢方藥角色清單

葛根湯
▷ 剛罹患感冒時使用的具代表性漢方藥。
▷ 鼻炎、頭痛、肩頸僵硬等也有效。 →p.14

柴胡桂枝湯
▷ 對拖很久的感冒有效。
▷ 也能緩和胃潰瘍等引發的疼痛。 →p.22

香蘇散
▷ 對於身體虛弱者剛罹患感冒時有效。
▷ 也能幫助改善氣鬱。 →p.16

麻黃湯
▷ 對於剛罹患感冒時有極強的效果。
▷ 也對流行性感冒有效。 →p.24

小青龍湯
▷ 流鼻水、鼻塞等等，緩和鼻子感冒相關症狀。
▷ 也對於花粉症或者支氣管炎等有效。 →p.18

安中散
▷ 鎮靜胃痛。
▷ 能夠緩和燒心、腹脹感、作嘔欲吐感等。 →p.28

麥門冬湯
▷ 鎮靜乾咳。
▷ 對於喉嚨相關的疾病發揮力量。 →p.20

桂枝加芍藥湯
▷ 對於過敏性腸道症候群有效。
▷ 也對裡急後重有效。 →p.30

真武湯

▷ 治療宛如水般的腹瀉。

▷ 也對肚子冰冷或腹痛有效。

→p.32

小柴胡湯

▷ 對於慢性腸胃炎及慢性肝炎能發揮力量。

▷ 症狀拖非常久時的萬能藥。

→p.40

麻子仁丸

▷ 治療便秘。

▷ 也能改善便秘引發的症狀，例如皮膚疾病等。

→p.34

小建中湯

▷ 改善身體虛弱兒童的體質。

▷ 也具有改善尿床的功效。

→p.42

六君子湯

▷ 對食慾不振有效。

▷ 也能幫助改善輕微憂鬱症。

→p.36

桂枝加朮附湯

▷ 溫熱身體、緩和關節疼痛。

▷ 也對肌肉疼痛有效。

→p.46

補中益氣湯

▷ 增加活力，改善腸胃工作情況。

▷ 除了食慾不振以外，也能改善倦怠、疲勞等。→p.38

芍藥甘草湯

▷ 治療小腿肌肉痙攣。

▷ 也能緩和尿管結石的疼痛或胃痛。

→p.48

桂枝茯苓丸

▷緩衡碰撞或扭傷引發的疼痛。

▷婦科3大漢方藥之一。

→p.50

防風通聖散

▷對肥胖有效。

▷也能在高血壓引發之症狀上發揮力量。

→p.60

五苓散

▷對於頭痛、腹痛、偏頭痛有效。

▷也對夏季倦怠及宿醉等具效用。

→p.52

豬苓湯

▷對付膀胱炎可大為活躍。

▷也能緩和尿管結石造成之疼痛。

→p.62

八味地黃丸

▷對於年長者的疼痛有效。

▷頻尿、麻痺或者高血壓等等也都有效。

→p.54

黃連解毒湯

▷對於高血壓引發之症狀能產生效果。

▷也對精神不安有效。

→p.64

當歸芍藥散

▷對於生理期、懷孕、生產等相關症狀有效。

▷婦科3大漢方藥之一。

→p.58

十全大補湯

▷恢復活力與體力。

▷減輕治療疾病造成之負擔；也可改善貧血。

→p.66

抑肝散

▷讓精神穩定、緩和怒氣及煩躁感。

▷對失眠等也有效。

→p.68

苓桂朮甘湯

▷治療暈眩。

▷對於心悸、喘不過氣等也有效果。

→p.72

半夏厚朴湯

▷讓心情愉快、喉嚨清爽。

▷對於心悸、暈眩、乾啞聲等也能發揮功效。

→p.70

鉤藤散

▷對老人家的暈眩有效。

▷也能在初老期的高血壓上發揮力量。

→p.74

找出適合自己的漢方藥吧！

柴胡加龍骨牡蠣湯

▷對失眠、惡夢有效。

▷也能緩和暈眩、頭痛、圓形脫毛症等。

→p.75

在漢方仙人的領路下，養介和生美學習了許多漢方藥相關知識。兩個人與許多漢方藥相遇，也明白了他們的效能。大家也可以試試各種漢方藥，找出適合自己的漢方藥唷。

監修

新見正則（Niimi Masanori）

帝京大學醫學部副教授／愛誠醫院漢方中心中心長
為一名擅長使用漢方藥的西醫師。提倡漢方新型態
解釋「摩登漢方」，並進行相關寫作及演講。
2013年獲頒搞笑諾貝爾獎。興趣是鐵人三項。
著書有『フローチャー漢方 治療』（新興医学出版
社）、『西洋医がすすめる漢方』（新潮選書）等。

插畫

いとうみつる（Ito Mitsuru）

原先從事廣告設計，後來轉換跑道，成為專職插畫
家。擅長創作溫馨之中又帶有「輕鬆詼諧」感的插
畫角色。

TITLE

漢方藥入門小圖鑑

STAFF

出版	瑞昇文化事業股份有限公司
監修	新見正則
插畫	いとうみつる
譯者	黃詩婷
總編輯	郭湘齡
責任編輯	張聿雯
文字編輯	徐承義　蕭妤秦
美術編輯	許菩真
排版	執筆者設計工作室
製版	明宏彩色照相製版股份有限公司
印刷	桂林彩色印刷股份有限公司
法律顧問	立勤國際法律事務所　黃沛聲律師
戶名	瑞昇文化事業股份有限公司
劃撥帳號	19598343
地址	新北市中和區景平路464巷2弄1-4號
電話	(02)2945-3191
傳真	(02)2945-3190
網址	www.rising-books.com.tw
Mail	deepblue@rising-books.com.tw
初版日期	2020年8月
定價	300元

ORIGINAL JAPANESE EDITION STAFF

本文テキスト	香野健一
デザイン・編集・制作	ジーグレイプ株式会社
企画・編集	株式会社日本図書センター

國家圖書館出版品預行編目資料

漢方藥入門小圖鑑 / 新見正則監修；い
とうみつる插畫；黃詩婷譯. -- 初版. --
新北市：瑞昇文化, 2020.07
84面；19x21公分
ISBN 978-986-401-427-9(平裝)

1.中藥方劑學

414.6　　　　　　　　　　109007902

Jibun ni Pittari no Kusuri ga Mitsukaru! Kampoyaku Character Zukan
Copyright © 2018 Nihontosho Center Co. Ltd.
Chinese translation rights in complex characters arranged with NIHONTOSHO CENTER Co., LTD
through Japan UNI Agency, Inc., Tokyo